米林市河湖规范管理理论与实践

邱信蛟 赵 焱 普 琼 等著

黄河水利出版社
·郑 州·

图书在版编目(CIP)数据

米林市河湖规范管理理论与实践／邱信蛟等著.

郑州：黄河水利出版社，2024.7. -- ISBN 978-7-5509-

3952-3

Ⅰ. TV213.4

中国国家版本馆 CIP 数据核字第 2024SG8913 号

组稿编辑：王志宽　电话:0371-66024331　E-mail:278773941@qq.com

责任编辑　郭　琼		责任校对　兰文峡	
封面设计　李思璇		责任监制　常红昕	

出版发行　黄河水利出版社

地址:河南省郑州市顺河路 49 号　邮政编码:450003

网址:www.yrcp.com　E-mail:hhslcbs@ 126.com

发行部电话:0371-66020550

承印单位　河南瑞之光印刷股份有限公司

开　　本　710 mm×1 000 mm　1/16

印　　张　10

字　　数　180 千字

版次印次　2024 年 7 月第 1 版　　2024 年 7 月第 1 次印刷

定　　价　98.00 元

撰写人员

邱信蛟　　　赵　焱　　　普　琼　　　扎西达瓦　　江阿卓玛

达瓦伦珠　　苏　琼　　　李春雷　　　王明昊　　　永珠次仁

李亚青　　　边少影　　　符宇佳　　　胡原山　　　邵　鹏

黄玉上　　　徐　曦　　　柏晓林　　　李　辉　　　樊孔明

蔡晓清　　　赵文亮　　　徐国生　　　尤志强　　　洛桑益西

娄会萍　　　王　圆　　　群宗卓玛　　朱　林　　　董晓宁

王樱杰　　　童　扬　　　徐曹化　　　亚　娘

前　言

为构建绿色发展理念,推进生态文明建设,米林市深入贯彻落实党中央、国务院和西藏自治区、林芝市决策部署,紧紧围绕河湖长制工作"六大任务",落实"五个抓手"工作举措,开展河湖清"四乱"专项整治,河湖水域生态环境逐步向好,"水清、岸绿、河畅、景美"的生态画卷在雪域高原徐徐展现,在米林市各族群众的共同努力下,河湖长制工作成效显著,2022年度米林市成功入选国务院15个河湖长制工作激励市县。

《米林市河湖规范管理理论与实践》对河湖长制工作相关知识进行普及,总结了米林市河湖长制的工作经验,可帮助河湖长深入认识理解河湖长制并做好履职工作。本书对扎实做好河湖长制各项工作具有参考价值。

随着米林市河湖长制工作的不断推进,本书作者对书稿内容不断完善,书稿由米林市总河长严世钦、多吉扎西审定,本书在编写过程中得到了西藏自治区河长制办公室、林芝市河长制办公室、米林市河长制各成员单位的大力支持,在此一并致以深切的谢意!在此也表达对积极组织农牧民群众参与河长制工作的已故驻村干部边少影同志的深刻怀念!

由于作者水平有限,书中难免存在疏漏之处,敬请读者批评指正!

作　者

2024 年 5 月

目 录

一、米林市简介

米林市位于西藏自治区东南部、林芝市西南部,地处雅鲁藏布江中下游、念青唐古拉山脉与喜马拉雅山脉之间。米林市东南部与墨脱县相接,西部与朗县相连,北部与巴宜区、西北部与工布江达县毗邻,南部与印度接壤。米林市地形东西狭长,西高东低,多宽谷,相对高度相差较小,全市平均海拔 3 700 m,呈山河谷地形。境内主要山脉有喜马拉雅山脉和念青唐古拉山脉,最高峰南迦巴瓦峰海拔 7 782 m,是世界第十五高峰,它与海拔 7 294 m 的加拉白垒峰隔江相望。雅鲁藏布江从西向东横贯全境,境内河段长 250 km,全市有 5 条较大的支流,境内河流总长 1 077 km,总面积 9 494.57 km²。米林市旅游资源十分丰富,境内有世界第一大峡谷——雅鲁藏布江大峡谷(见图 1-1),以及中国最美山峰——南迦巴瓦峰,还有尼洋河与雅鲁藏布江交汇处形成的江水倒流奇景、丹娘佛掌沙丘、南伊原始森林景观和珞巴民族独特的民俗文化风情等。

图 1-1 米林市雅鲁藏布江大峡谷

米林市属高原温带半湿润季风气候,年平均气温 8.5 ℃,年降水量 707.2 mm,85% 的降水集中在 6—9 月,全年无霜期 163 d。

米林市具有林地面积广阔、原始林比重大的特点。米林市共有林地面积64.3 万 hm^2，占全市区域总面积的 67.7%。其中，有林地 32.6 万 hm^2、灌木林地 31.7 万 hm^2、其他林地 232.8 hm^2。重要林木品种有冷杉、云杉、高山松、华山松、落叶松、杨、桦、高山栎、青杠和巨柏等。药材种类有虫草、贝母、天麻、丹参、红景天、当归、三七、雪莲、秦艽、沙棘、雪山一枝蒿、三棵针及多种菌类、蕨类植物。野生动物有野牦牛、叶猴、香獐、水獭、熊、羚羊、野鸡等。矿产资源初步勘探发现有石膏、石灰石、铬、铁、砂金、水晶石及电气石等。

米林市土地资源丰富，90%以上的耕地分布在雅鲁藏布江谷地。主要农作物有小麦、青稞、油菜、豌豆、荞麦等，农副土特产品主要有苹果、梨、核桃、桃，畜禽有藏鸡、藏猪等。

米林市人口密度相对较小，是以农业生产为主的半农半牧县级市。全市聚居民族有 17 个，包括藏族、汉族、珞巴族、门巴族、回族、东乡族、土家族、土族、撒拉族、彝族、壮族、傣族、苗族、白族、纳西族、柯尔克孜族、羌族。

米林在藏语中为"药洲"之意，全市辖米林镇、卧龙镇、派镇、里龙乡、扎西绕登乡、羌纳乡、丹娘乡、南伊珞巴民族乡 8 个乡(镇)。

米林市具有地方特色的灿烂文化，神话传说、歌谣谚语，家喻户晓，脍炙人口；戏曲、曲艺，历史悠久，悦人耳目；音乐、舞蹈，风格独特；雕塑、建筑和抱石头、摔跤、赛马、马术表演、射箭，历史悠久；藏医药文化，彰显民族特色。

二、理论篇

1. 河长制概念

河长制是指在江河的相应水域设立河长、湖泊的相应水域设立湖长,河长、湖长由地方各级党政主要领导担任;由河长、湖长对其责任水域的管理保护工作依法依规予以监督和协调,督促或建议政府及相关主管部门履行法定职责,解决负责水域存在的问题。

河长制是各地依据现行法律法规,坚持问题导向,落实地方党政领导河湖管理保护主体责任的一项制度创新。河长制以水资源保护、水域岸线管理、水污染防治、水环境治理、水生态修复、执法监管六项主要任务,通过明确各部门职责,统筹协调各部门力量,运用法律、经济、技术等手段形成严格监管、保护有力的河湖管理机制。

全面推行河长制,是党中央、国务院为加强河湖管理保护作出的重大决策部署,是落实绿色发展理念、推进生态文明建设的内在要求,是解决我国复杂水问题、维护河湖健康生命的有效举措,是完善水治理体系、保障国家水安全的制度创新。2022年9月,中共中央宣传部就党的十八大以来水利发展成就举行发布会,水利部部长李国英在会上介绍,河湖长制这项极具创新意义的制度是从维护最广大人民群众的根本利益出发,以解决人民群众最关心、最直接、最现实的河湖水灾害、水生态、水环境、水资源问题。因此,这项制度的设立和实施自始至终得到了各级党委、政府、社会各界人民群众的广泛拥护和积极响应。

2. 河长制起源与推广

2.1　河长制起源

关于河长制的起源,存在不同的说法。其中,河长制起源于江苏省无锡市、云南省洱源县和浙江省长兴县是认可度较高的几种说法。

2.1.1　长兴县起源说

2003 年,为解决县城城区护城河、坛家桥港河道出现的水污染问题,长兴县将当地的"路长保洁道路"经验延伸到河湖管理中,长兴县委、县政府发文件对这两条河道实行"河长制"管理,河长分别由水利部门和环保部门负责人担任。2005 年,为改善长兴县重要饮用水水源包漾河的水质,时任水口乡乡长担任包漾河上游水口港河道的河长,负责做好包漾河上游的治理工作;2005年之后的两年,长兴县对包漾河周边其他支流也实行了河长制管理,镇级河长延伸到了村级河长。2008 年 8 月,长兴县河长制治理开始向县级河道提升,逐步构建了全面的三级河长架构,实现了河道河长全覆盖。2019 年 9 月,央视"新闻联播"系列报道"新中国的第一 湖州长兴县:率先实施'河长制'"报道了 2003 年长兴县率先实施"河长制"(见图 2-1)。

2.1.2　无锡市起源说

2007 年 5 月,太湖蓝藻大规模爆发,严重的水资源污染造成了无锡市自来水污染。在此背景下,2007 年底无锡市开创了"河长制"治理模式,并在短时间内得到了社会各界的认同与呼应,并被其他省市环境治理工作广泛采纳和推广。江苏在太湖流域首创性实施的"河长制",由党政负责人直接负责河湖治理,统筹协调政府职能部门参与配合水治理工作,并相应地引入问责激励机制,根据河湖治理效果对相应的河长及参与部门进行问责和奖励,进而提升了河长和河长制参与部门的工作积极性,蓝藻蔓延得到了有效抑制,周围河湖的水质也得到了改善。

图 2-1 央视报道长兴县率先实施"河长制"

2.1.3　洱源县起源说

2003 年,洱源县与洱海流域沿岸各乡镇签订洱海水源保护治理目标责任书,河管员得到沿河群众支持,在当地被群众称为"河长";接着,洱源县实行县级领导挂帅抓环保的方法,这是后来衍生的领导任"河长"的起源。2006年,为进一步加强河湖管护,洱源县把半脱产的河长变成了全脱产,"河长制"逐步专业化。2008 年,洱源县决定由县级主要领导亲自担任河长,河流所在乡镇主要领导担任河段长,并明确具体负责人员,建立了切实可行的河段长制度。

2.2　河长制推广

习近平总书记强调,保护江河湖泊,事关人民群众福祉,事关中华民族长远发展。全面推行河长制,加强河湖管理保护,是以习近平同志为核心的党中央立足解决我国复杂水问题、保障国家水安全,从生态文明建设和经济社会发展全局出发作出的重大决策。2016 年 10 月 11 日,习近平总书记主持召开中央全面深化改革领导小组第二十八次会议,审议通过了《关于全面推行河长制的意见》。习近平总书记指出,全面推行河长制,目的是贯彻新发展理念,以保护水资源、防治水污染、改善水环境、修复水生态为主要任务,构建责任明确、协调有序、监管严格、保护有力的河湖管理保护机制,为维护河湖健康生命、实现河湖功能永续利用提供制度保障。2017 年 11 月 20 日,习近平总书记主持召开十九届中央全面深化改革领导小组第一次会议,审议通过《关于在湖泊实施湖长制的指导意见》。会议强调,在全面推行河长制的基础上,在湖泊实施湖长制,要坚持人与自然和谐共生的基本方略,遵循湖泊的生态功能和特性,严格湖泊水域空间管控,强化湖泊岸线管理保护,加强湖泊水资源保护和水污染防治,开展湖泊生态治理与修复,健全湖泊执法监管机制。习近平总书记重要讲话精神,为全面推行河湖长制指明了方向,提供了根本遵循。

习近平总书记在 2017 年新年贺词中专门提到"每条河流要有'河长'了",发出全面推行河湖长制的伟大号召。按照党中央、国务院确定的时间节点,2018 年 6 月全国提前半年全面建立河长制,2018 年底如期全面建立湖长制,建立起以党政领导负责制为核心的河湖管理保护责任体系。

全面推行河湖长制以来,31 个省(自治区、直辖市)党委和政府主要负责同志担任省级总河长,落实党政同责,强化责任担当,带动 30 万名省、市、县、乡级河湖长年均巡查河湖 700 万人次,整治河湖突出问题,组织实施"一河(湖)一策",推动河湖面貌持续改善。各地还因地制宜设立村级河湖长(含巡河员、护河员)90 多万名,成为守护河湖的"最前哨"。

2017 年 10 月,全国首个河长制地方性法规《浙江省河长制规定》正式实施。截至 2018 年 6 月底,我国 31 个省(自治区、直辖市)已全面建立了河长制。2022 年 9 月,水利部部长李国英在中共中央宣传部就党的十八大以来水利发展成就举行的发布会上提到每一条河流、每一个湖泊都有人管、都有人护。

2020 年,党的十九届五中全会审议通过《中共中央关于制定国民经济和社会发展第十四个五年规划和二〇三五年远景目标的建议》,部署强化河湖长制工作。党的十九届六中全会将建立健全河湖长制写入了《中共中央关于党的百年奋斗重大成就和历史经验的决议》。这对当前和今后一个时期河湖长制工作提出了新的更高的要求,标志着河湖长制已进入从全面建立到全面强化的新阶段。

河长制工作进展示意图见图 2-2。不同的河长制起源简介见图 2-3。

图 2-2　河长制工作进展示意图

时间	相关文件	事件起源	河长担任
洱源县 2003年	《洱海水源保护治理目标责任书(2003—2006)》	为保护洱海生态环境,洱源县与洱海流域各乡镇签订目标责任书,在7个乡镇设立了环保工作站,增加河道协管员数量,对洱海流域的大小河流、湖泊实施管护	河道协管员被当地群众称为"河长"
长兴县 2003年	《关于调整城区环境卫生责任区和路段地段、建立里弄长制和河长制并进一步明确工作职责的通知》	为创建国家卫生城市,在卫生责任片区、道路、街道推出了片长、路长、里弄长,10月由县委办下发文件,对城区河道试行河长制,旨在解决河道淤积堵塞与污染问题	设置河长2名,分别由县水利局长和环卫处主任担任
无锡市 2007年	《无锡市河(湖、库、荡、氿)断面水质控制目标及考核办法(试行)》	2007年5月,太湖蓝藻爆发,水污染引发无锡市严重的水危机,创新治水的体制机制成为一项迫在眉睫的重要任务	属地行政首长担任

图2-3 不同的河长制起源简介

3. 河长制工作任务

《关于全面推行河长制的意见》提出了河长制"六大任务",包括加强水资源保护、加强河湖水域岸线管理保护、加强水污染防治、加强水环境治理、加强水生态修复、加强执法监管(见图2-4)。具体内容如下:

(1)加强水资源保护。落实最严格水资源管理制度,严守水资源开发利用控制、用水效率控制、水功能区限制纳污三条红线,强化地方各级政府责任,严格考核评估和监督。实行水资源消耗总量和强度双控行动,防止不合理新增取水,切实做到以水定需、量水而行、因水制宜。坚持节水优先,全面提高用水效率,水资源短缺地区、生态脆弱地区要严格限制发展高耗水项目,加快实施农业、工业和城乡节水技术改造,坚决遏制用水浪费。严格水功能区管理监督,根据水功能区划确定的河流水域纳污容量和限制排污总量,落实污染物达标排放要求,切实监管入河湖排污口,严格控制入河湖排污总量。

(2)加强河湖水域岸线管理保护。严格水域岸线等水生态空间管控,依法划定河湖管理范围。落实规划岸线分区管理要求,强化岸线保护和节约集约利用。严禁以各种名义侵占河道、围垦湖泊、非法采砂,对岸线乱占滥用、多占少用、占而不用等突出问题开展清理整治,恢复河湖水域岸线生态功能。

(3)加强水污染防治。落实《水污染防治行动计划》,明确河湖水污染防治目标和任务,统筹水上、岸上污染治理,完善入河湖排污管控机制和考核体系。排查入河湖污染源,加强综合防治,严格治理工矿企业污染、城镇生活污染、畜禽养殖污染、水产养殖污染、农业面源污染、船舶港口污染,改善水环境质量。优化入河湖排污口布局,实施入河湖排污口整治。

(4)加强水环境治理。强化水环境质量目标管理,按照水功能区确定各类水体的水质保护目标。切实保障饮用水水源安全,开展饮用水水源规范化建设,依法清理饮用水水源保护区内违法建筑和排污口。加强河湖水环境综合整治,推进水环境治理网格化和信息化建设,建立健全水环境风险评估排查、预警预报与响应机制。结合城市总体规划,因地制宜建设亲水生态岸线,加大黑臭水体治理力度,实现河湖环境整洁优美、水清岸绿。以生活污水处理、生活垃圾处理为重点,综合整治农村水环境,推进美丽乡村建设。

(5)加强水生态修复。推进河湖生态修复和保护,禁止侵占自然河湖、湿

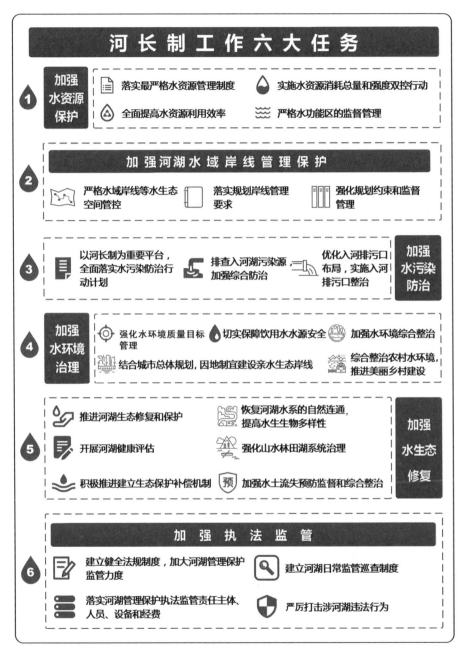

图 2-4 河长制工作"六大任务"

地等水源涵养空间。在规划的基础上稳步实施退田还湖还湿、退渔还湖,恢复河湖水系的自然连通,加强水生生物资源养护,提高水生生物多样性。开展河湖健康评估。强化山水林田湖系统治理,加大江河源头区、水源涵养区、生态敏感区保护力度,对三江源区、南水北调水源区等重要生态保护区实行更严格的保护。积极推进建立生态保护补偿机制,加强水土流失预防监督和综合整治,建设生态清洁型小流域,维护河湖生态环境。

(6)加强执法监管。建立健全法规制度,加大河湖管理保护监管力度,建立健全部门联合执法机制,完善行政执法与刑事司法衔接机制。建立河湖日常监管巡查制度,实行河湖动态监管。落实河湖管理保护执法监管责任主体、人员、设备和经费。严厉打击涉河湖违法行为,坚决清理整治非法排污、设障、捕捞、养殖、采砂、采矿、围垦、侵占水域岸线等活动。

4. 河长制工作机制

　　中共中央办公厅、国务院办公厅印发的《关于全面推行河长制的意见》在保障措施健全工作机制方面提出"建立河长会议制度、信息共享制度、工作督察制度,协调解决河湖管理保护的重点难点问题,定期通报河湖管理保护情况,对河长制实施情况和河长履职情况进行督察。各级河长制办公室要加强组织协调,督促相关部门单位按照职责分工,落实责任,密切配合,协调联动,共同推进河湖管理保护工作"。

　　米林市于 2017 年印发《米林县全面推行河长制工作方案》(米县党办〔2017〕79 号),同年米林市河长办制定了《米林县河长会议制度(试行)》《米林县河长制工作督导检查制度(试行)》《米林县河长制信息报送及共享制度(试行)》《米林县河长制河长巡察制度(试行)》和《米林县河长制工作验收办法(试行)》。后根据工作开展需要,米林市河长办先后印发了《米林县全面推进河(湖)长制工作领导小组办公室 米林市人民检察院关于建立"河湖长+检察长"协作机制的工作方案》(米河办〔2021〕1 号)、《关于印发〈建立"河(湖)长+检察长+警长"联动工作协作机制的意见〉的通知》(米河办〔2021〕2 号)、《米林县深化河道采砂管理实施方案》(米河办〔2022〕11 号)、《关于印发〈米林县乡(镇)、村级河湖长履职考核细则〉的通知》(米河办〔2022〕12 号)等一系列文件。

　　河长制工作机制见图 2-5。

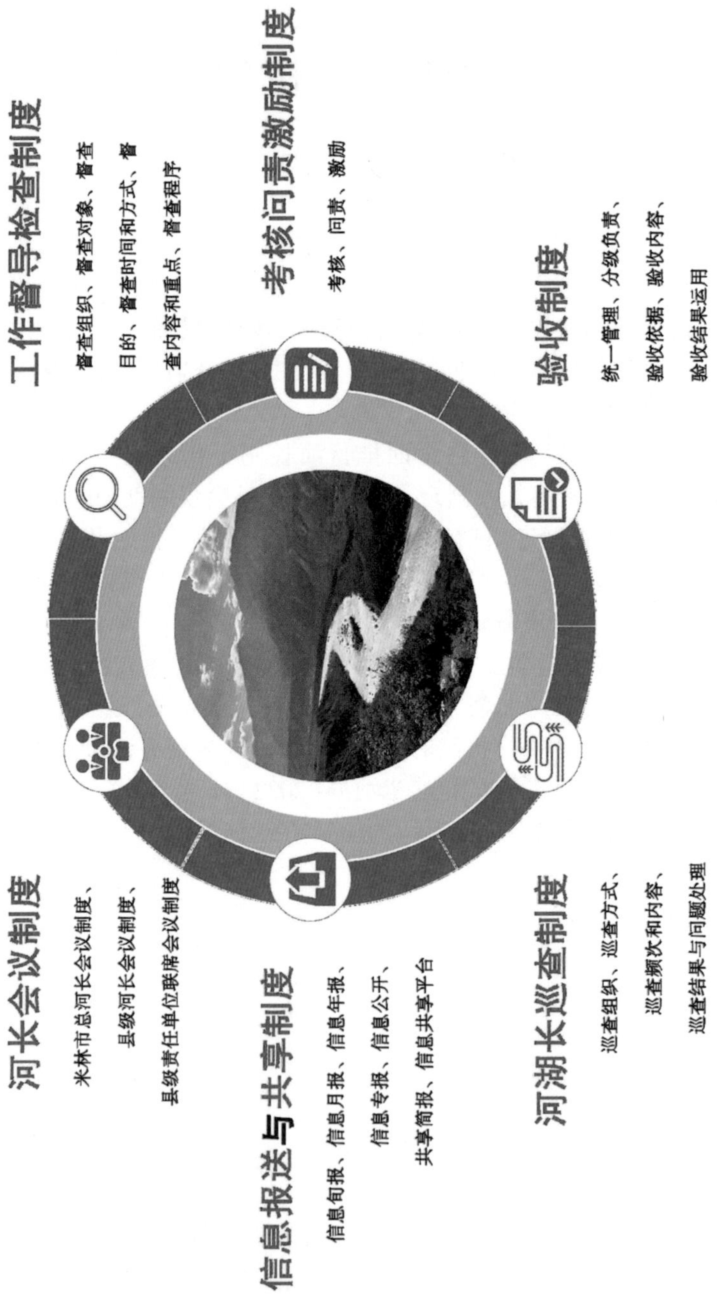

工作督导检查制度

督查组织、督查对象、督查目的、督查时间和方式、督查内容和重点、督查程序

考核问责激励制度

考核、问责、激励

验收制度

统一管理、分级负责、验收依据、验收内容、验收结果运用

河长会议制度

米林市总河长会议制度、县级河长会议制度、县级责任单位联席会议制度

信息报送与共享制度

信息旬报、信息月报、信息年报、信息专报、信息公开、共享简报、信息共享平台

河湖长巡查制度

巡查组织、巡查方式、巡查频次和内容、巡查结果与问题处理

图 2-5　河长制工作机制

4.1　河长会议制度

河长会议制度包括总河长会议制度和河长会议制度。

总河长会议：由总河长或副总河长主持召开，会议按程序由河长制、湖长制工作机构拟定并报请总河长或副总河长确定，会议形成的会议纪要经总河长或副总河长审定后印发。

河长湖长会议：由河长、湖长主持召开，会议按程序由河长制、湖长制工作机构拟定并报请河长、湖长确定，会议形成的会议纪要经河长、湖长审定后印发。

《米林县河长会议制度(试行)》对总河长会议制度、县级河长会议制度、县级责任单位联席会议制度进行了规定，主要如下。

4.1.1　总河长会议制度

总河长会议由总河长主持召开，出席人员：县级河长、乡镇河长、县级责任单位主要负责人、乡镇河长制办公室主要负责人等，其他出席人员由总河长根据需要确定。会议原则上每年年初召开一次，根据工作需要，经总河长同意，可另行召开。

会议按程序报请总河长确定召开，由米林市河长办筹备召开。

会议主要事项包括：学习贯彻新时期河长制、湖长制工作方针政策；总结上一年度河长制工作开展情况，通报河湖管理考核结果，协商讨论河长制工作表彰奖励及重大责任追究事项；通报各成员单位河长制职责范围内工作落实情况；研究决定本年度河长制工作计划，确定年度工作重点和考核方案，落实河长制工作方针、政策、规划、举措等；协调解决全局性重大问题；自治区和林芝市总河长办公室安排的其他事项。

会议形成的会议纪要经总河长审定后印发。会议研究决定的事项为河长制工作重点督办事项，由米林市河长办负责组织协调督导，有关责任单位及乡村河长承办。

4.1.2　县级河长会议制度

县级河长会议由县级河长主持召开。出席人员包括河流流经乡镇的乡级河长、相关县级责任单位主要负责人或责任人、乡镇河长制办公室主要负责人等，其他出席人员由县级河长根据需要确定。

会议根据需要不定期召开。会议按程序报请县级河长确定，由县级河长或者河长制办公室指定单位筹备。

会议主要事项包括：传达新时期河长制工作方针政策，自治区总河长、林芝市总河长、米林市总河长会议精神，贯彻落实自治区、林芝市、米林市总河长会议工作安排部署；总结上一年度工作开展情况，通报河湖管理考核结果；确定本年度河长制工作计划，制定所辖河湖管理的工作重点、推进措施及其他事项；协商解决推进河长制工作中的重点问题及相应河湖管理保护中的难点问题；安排落实所辖河湖各河段河湖管理保护工作任务，研究部署河湖保护管理专项整治工作；指导督促下一级河长及有关部门开展相关工作；"一河一策"编制及落实情况；自治区级河长、市级河长、县总河长部署的其他事项。

会议形成的会议纪要经主持会议的县级河长审定后印发。

会议研究决定事项为河长制工作重点督办事项，由米林市河长办负责组织协调督导，有关县级责任单位及乡级河长承办。

4.1.3　县级责任单位联席会议制度

县级责任单位联席会议由县河长制办公室负责人主持召开。出席人员包括相关县级责任单位责任人和联络人。会议定期或不定期召开。定期会议原则上每年一次或根据需要适时召开。会议由县河长制办公室或县级责任单位提出，按程序报请米林市河长办主要负责人确定。

会议议定事项包括：协调调度河长制工作进展情况；协调解决河长制工作中遇到的问题；协调督导河湖保护管理工作；研究报请县级河长和总河长会议研究的事项等。

会议形成的会议纪要经米林市河长办负责人审定后印发。会议议定事项由有关县级责任单位责任人分别落实。

米林市召开全面推行河湖长制工作领导小组会议见图2-6。

4.2　信息报送与共享管理制度

为及时掌握河长制办公室各成员单位、各乡（镇）河长制工作进展情况，落实工作责任，加强信息交流与共享，加快全面推行河长制工作进程，为各级

图 2-6 米林市召开全面推行河长制工作领导小组会议

河长科学指导工作提供及时准确的信息保障,米林市制定了《米林县全面推行河长制工作信息报送与共享管理办法(试行)》,该办法提出如下信息报送与共享管理办法:

(1)所报信息须实事求是、表述准确,报送信息应简明扼要、突出重点,不得迟报、瞒报、谎报和漏报。重要信息应按照时间节点及时收集、报送。紧急、突发的重大信息可通过专报直接呈报。

(2)信息旬报制度。各乡(镇)河长办按照每旬(上、中、下旬)报送方式,将河长制工作进展情况经本单位主要负责同志审核后,于每月 5 日、15 日、25 日前报送至米林市河长制办公室。报送内容主要包括各乡(镇)河长制工作方案编制情况、河长设立及河长办设置情况、制度执行情况、下一步工作计划制定情况等。米林市河长办负责汇总各乡(镇)旬报信息,并视情况决定是否上报米林市总河长和林芝市河长制办公室。

(3)信息月报制度。各成员单位按照信息一月一报方式,总结本单位河长制工作进展情况、经验及意见或建议等,形成河长制工作情况报告,经本单位主要负责同志审核后,于每月 25 日前报送米林市河长办。米林市河长办负责汇总各成员单位工作情况并上报米林市总河长。

(4)信息年报制度。各成员单位、乡(镇)河长办根据《关于全面推行河长制的意见》《西藏自治区全面推行河长制工作方案》《林芝市全面推行河长制工作方案》《米林县全面推行河长制工作方案》和本乡(镇)工作方案,按照工作方案中确定的任务和有关要求,总结本单位、乡(镇)推行河长制工作年度进展情况、经验和成效,存在的差距和不足,下一步工作安排和建议等,形成年度工作报告,经本单位主要负责同志审核后,于每年的12月15日前报送至米林市河长办,各乡(镇)河长制办公室每年将乡(镇)级河长河流管理大事记形成专稿并于12月15日之前报送米林市河长办。米林市河长办负责汇总并上报米林市总河长和林芝市河长办。

(5)信息专报制度。各成员单位、各乡(镇)河长办按照信息一事一报方式,将河长制工作重大进展情况,跨流域、跨地区、跨部门的协调问题,紧急、突发事项等亟须呈报县级河长的,形成专报,经本单位主要负责同志审核后,报送至米林市河长办。办公室负责对所报信息的核对、分类、上报,按轻重缓急依次协调处理。

(6)信息公开制度。米林市、各乡(镇)须通过社会主要媒体公开河长名单、河长职责、河长制工作进展情况、河湖管理保护工作情况等。在各河段设立河长制公示牌,标明河流名称、起点、终点、长度、监督电话等。

(7)信息共享制度。米林市河长办负责收集汇总各成员单位、各乡(镇)河长制工作进展情况、河湖管理保护工作开展情况、先进经验及做法,形成简报,经河长办主要负责同志审核后印发给各成员单位、各乡(镇)。米林市河长办负责将河长制工作中的重要信息上传至林芝市河长办制定或建立的统一的信息共享平台,便于各单位、各乡(镇)间的沟通与交流,共享资料、了解工作进程,协同推进各项工作。

4.3　河长巡查制度

根据《水利部关于印发〈河长湖长履职规范(试行)〉的通知》(水河湖函〔2021〕72号)对河长巡河调研的有关要求,县级河长、湖长每季度巡河调研不少于1次,乡级河长、湖长每月巡河调研不少于1次,村级河长、湖长每周巡河调研不少于1次。针对问题较多的河段(湖片),有关河长、湖长应当加大巡查频次,加大检查力度,及时协调督促解决问题。

根据《米林县主要河湖河长巡查制度(试行)》,河长是巡查工作的第一责任人,对巡查过程中发现或投诉举报问题的处理负总责。河长巡查河湖由河长提出,明确巡查时间、巡查河段、巡查重点等。河长助理制定巡查工作方案,报河长同意后执行,巡查相关组织工作由河长助理负责,米林市河长办协助河长助理完成。河长助理由河长联络人担任。

河长巡查责任河湖重点关注以下内容(见图 2-7):

(1)河湖水面、岸边保洁情况。

(2)河道采砂管理情况。

(3)河湖跨界断面的水量水质监测情况。

(4)河湖水环境综合整治和生态修复情况。

(5)河湖防洪减灾等工程建设和维护情况。

(6)河长制工作落实及进展情况。

(7)此前巡查发现、投诉举报或下级河长上报的重点难点问题解决情况。

(8)部署、指导和推进当地河长制工作。

(9)听取加快推进河长制的意见和建议。

(10)其他影响河湖健康的问题。

对巡查中发现的问题,河长应及时交由责任单位进行处理。相关责任单位接到河长交办的有关问题,应当制定整改方案,落实整改措施,按照要求期限进行处理并答复河长。河长助理以河长令、督办令等形式对相关责任单位处理情况进行跟踪、监督和记录,确保解决到位。

各乡镇可参照《米林县主要河湖河长巡查制度(试行)》,结合工作实际,加密巡查河湖频次,细化巡查内容,制定各乡镇巡察制度。

为进一步规范河长巡河工作,根据《水利部关于印发〈河长湖长履职规范(试行)〉的通知》(水河湖〔2021〕72 号),米林市河长办制作了河长巡河提示卡(见图 2-8),用于及时提醒对应县级河长每季度开展巡河调研工作。

米林市委书记、市长带头开展河道垃圾清理活动见图 2-9。米林市共青团员、志愿者开展爱河护河活动见图 2-10。

图 2-7 米林市河长巡查重点关注的内容

米林市充分发挥党建引领作用,形成市、乡、村三级共治共护的浓厚氛围。市委、市政府党政主要领导以身作则、以上率下,带头开展巡河,各级河长认真履职,特别是在重要节日节点开展巡河活动,如米林市在"七一"建党节组织开展"军警民企联谊共庆党的生日 县乡村联动同护河湖美丽"主题巡边巡河活动,米林市共青团、青年志愿者等团体多次开展主题巡河护河活动。2022

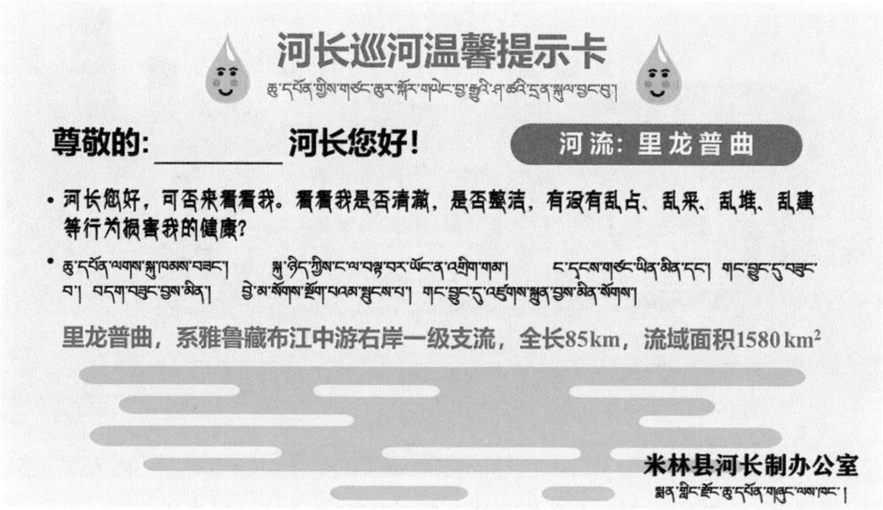

河长巡河温馨提示卡
ཆུ་དཔོན་གྱིས་ཆུ་གཤགས་ཤར་གཉེར་བ་བ་དྲན་གསོ་བྱང་བུ།

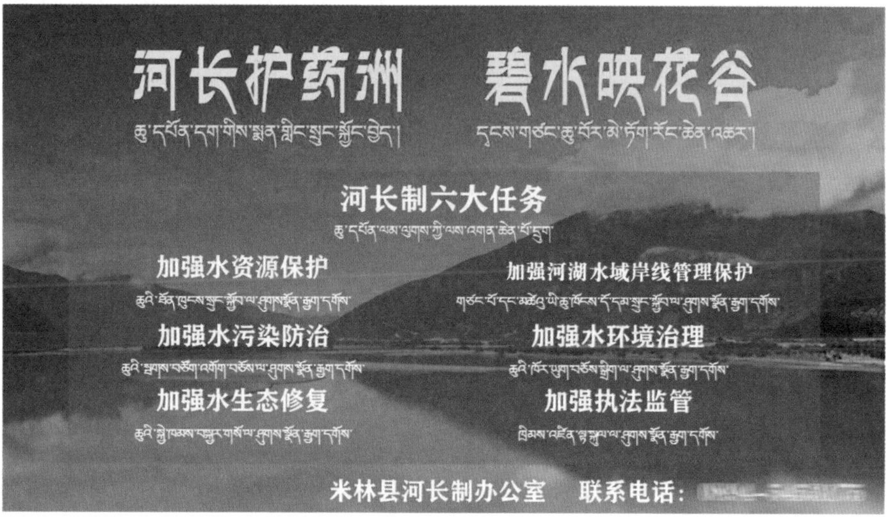

尊敬的：_____ 河长您好！   河流：里龙普曲

• 河长您好，可否来看看我。看看我是否清澈，是否整洁，有没有乱占、乱采、乱堆、乱建
等行为损害我的健康?

• ཆུ་དཔོན་ལགས་བཀྲ་ཤིས་བདེ་ལེགས།   ངར་ཕྱིན་ཏེ་ངར་བལྟ་རུ་འབྱུང་ངམ།   ང་དང་གཙང་མ་ཡིན་མིན་དང་ང་ལ་རྫིག   ང་།   བདག་གིར་བྱེད་པ་སོགས།   གྱི་ནམ་ཆགས་པ་སོགས་བྱེད་པ་ང་ལ་བཏང་སྟེ་ངའི་བདེ་ཐང་ལ་གནོད་འཚེ།

里龙普曲，系雅鲁藏布江中游右岸一级支流，全长85km，流域面积1580 km²

米林县河长制办公室
ཨྱི་ལིང་རྫོང་ཆུ་དཔོན་ལས་ཁུངས།།

河长护药洲　　碧水映花谷
ཆུ་དཔོན་གྱིས་སྨན་གླིང་སྲུང་།　　དྭངས་གཙང་ཆུ་བོས་མེ་ཏོག་ལུང་ཟེར།

河长制六大任务
ཆུ་དཔོན་ལམ་ལུགས་ཀྱི་ལས་འགན་ཆེན་མོ་དྲུག

加强水资源保护　　　　加强河湖水域岸线管理保护
ཆུ་ཡི་འབྱུང་ཁུངས་སྲུང་སྐྱོབ་　　གཙང་བོ་མཚོ་ཡི་ཆུ་ཁུལ་འགྲམ་ཐིག་དོ་དམ་སྲུང་སྐྱོབ

加强水污染防治　　　　加强水环境治理
ཆུ་ཡི་བཙོག་གྲིབ་སྔོན་འགོག　　ཆུ་ཡི་ཁོར་ཡུག་སྲུང་སྐྱོང་

加强水生态修复　　　　加强执法监管
ཆུ་ཡི་སྐྱེ་ཁམས་གསོ་ཆུད　　ཁྲིམས་འཛིན་ལྟ་རྟོག

米林县河长制办公室　　联系电话：

图2-8　米林市河长巡河温馨提示卡

图 2-9　米林市委书记、市长带头开展河道垃圾清理活动

图 2-10　米林市共青团员、志愿者开展爱河护河活动

年 7 月,米林市河长办联合羌纳乡党委、驻地部队、边境派出所围绕"军民企联谊共庆党的生日,县乡村联动同护河湖美丽"的主题在巴嘎浦曲开展巡河活动,充分巩固了"党建+河长制"有效引领作用。2022 年 10 月,米林市组织各乡镇共同开展以"做好护河人 喜迎二十大"为主题的巡河护河活动共迎党的二十大召开。

米林市总河长带头开展巡河见图 2-11。

图 2-11　米林市总河长带头开展巡河

4.4　河长制工作督导检查制度

根据《米林县全面推行河长制工作督导检查制度》,米林市县级河长和米林市河长制办公室负责组织、督查,督查对象包括各乡(镇)和米林市有关部门;督查的目的在于全面、及时、准确了解掌握米林市和各乡(镇)河长制工作进展情况,加强组织领导,健全工作机制,落实工作责任,按照进度目标任务要求积极推进河长制各项工作。

督查时间分为日常不定期督查和年初、年末重点督查。督查方式分为总河长、河长督查和县级责任单位联合督查。

督查内容和重点如下:

(1)河湖名录确定情况,包括各乡(镇)、村根据河湖的自然属性、跨行政区域情况以及对经济社会发展、生态环境影响的重要性等,制定的乡(镇)、村分级担任河长的河湖名录情况。

(2)工作方案制定情况。各乡(镇)全面推行河长制工作方案制定情况、印发时间,工作进度、阶段目标设定、任务细化等情况。

(3)组织体系建设情况,包括乡(镇)、村级河长体系建设情况,总河长、河长设置情况,乡(镇)河长制办公室设置及工作人员落实情况;河湖管理保护、人员、设备和经费落实情况;以市场化、专业化、社会化为方向,培育环境治理、维修养护、河道保洁等市场主体情况;河长公示牌的设立及监督电话的畅通情况等。

(4)制度的执行情况,包括河长会议制度、信息共享和信息报送制度、工作督查制度、考核问责与激励机制、验收制度等制度的执行情况。

(5)河长制主要任务实施情况,包括水资源管理与保护、水域岸线管理保护、水污染防治、水环境治理、水生态修复、执法监管、水质目标等主要任务实施情况;信息公开、宣传引导、经验交流等工作开展情况。

(6)整改落实情况,包括中央和地方各级部门检查、督导发现问题以及媒体曝光、公众反映强烈问题的整改落实情况;河长制工作督办事项落实情况。

具体督导检查内容可根据督导检查乡(镇)、村级的河湖管理和保护的实际情况有所侧重。

督查的程序如下:

(1)交办督查任务。督查任务主要以督查函、督办单等形式交办。日常督查、年初年末重点督查和联合督查由县级河长和米林市河长办根据工作需要适时开展,相关督查公文由县级河长和米林市河长办主要负责人签发。河长督查函由米林市总河长、县级河长签发。督查函应明确督查事项及要求、主办单位与协办单位、办结时限等。督办单主要用于重大紧迫事项。

(2)落实督查事项。承办单位接到督查任务后,应及时开展工作,按时保质完成任务。督查事项涉及多个责任单位的,由牵头单位负责组织实施,协办单位配合开展工作。工作过程中出现意见分歧的,由牵头单位协调解决。

(3)报告落实情况。完成督查事项后,及时向县级河长和米林市河长办公室书面报告。规定时限未办结的,应将工作进展、未办结原因、下步工作安排书面报县级河长和米林市河长办公室。

(4)立卷归档。督查单位应对督查事项登记造册,统一编号。督查任务完成后,及时将督查事项处理过程资料、领导批示、处理意见、督查情况报告、督查结果等相关资料立卷归档管理。

(5)问责追责。对督查过程中发现的涉嫌违法、违纪、违规问题,按照有关程序将相关线索资料移交司法机关、纪委、监察局并追究相应责任。

西藏自治区河长办、林芝市河长办赴米林开展河长制工作督导见图2-12。米林市河长办对乡镇河长制工作进行督导检查见图2-13。

图2-12 西藏自治区河长办、林芝市河长办赴米林开展河长制工作督导

续图 2-12

续图 2-12

图 2-13 米林市河长办对乡镇河长制工作进行督导检查

续图 2-13

4.5　考核问责与激励机制

　　考核问责与激励是压实责任的关键方法,是促进河湖长履职尽责的指挥棒。关于河长制工作考核机制建设,中共中央办公厅、国务院办公厅印发的《关于全面推行河长制的意见》提出了明确要求,规定"县级及以上河长负责组织对相应河湖下一级河长进行考核,考核结果作为地方党政领导干部综合考核评价的重要依据"。《水利部办公厅关于加强全面推行河长制工作制度建设的通知》(办建管函〔2017〕544 号)明确指出,考核问责,是上级河长对下一级河长、地方党委政府对同级河长制组成部门履职情况进行考核问责,包括考核主体、考核对象、考核程序、考核结果应用、责任追究等内容。

　　米林市于 2022 年颁布了《米林县乡(镇)、村级河湖长履职考核细则》(米河办〔2022〕12 号),该细则明确了考核对象、考核方式、评分标准、考核内容、考核结果运用和考核要求。该细则提出考核工作由米林县全面推行河长制工作领导小组统筹开展。县河长办负责组织对本县流域内的所有乡(镇)级河湖长全年工作开展情况予以考核评价,各乡(镇)级河长办对村级河湖长工作开展情况进行考核评价。考核工作按照米林市河长制工作考核内容采取季度考核、年度考核,季度考核平均成绩作为年度考核的依据。

　　考核内容围绕河长制工作基础管理、日常工作、述职与考核、宣传工作、对上级河长安排部署事项落实情况、年度工作任务完成情况、督查督办事项落实情况、工作制度建立和执行情况、"一河(湖)一策"年度方案落实及河湖管理成效以及其他本年度新增重点任务进行考核。考核分制采用百分制,创新经验和典型做法作为附加子项,通过以查促改进一步强化基层河长履职,做到守河有责、护河担责、治河尽责,最终实现河畅、水清、岸绿、景美的目标。

米林市河长办以考核工作为契机,对考核中发现的亮点和不足,认真梳理、总结提升,切实推动全市河长制工作落到实处。

按照国家和省、市、县有关规定适时开展河长制表扬工作,对河长制工作中做出显著成绩的单位、个人和企业进行表扬激励。该工作在省、市、县评比达标表扬工作协调机构的指导下,由米林市河长办具体承办。

米林市河长办公室按照有关要求,负责组织开展全市河长制工作表扬工作。工作方案、表扬名单经米林市河长办公室主任审核通过后,报米林市总河长审定,以米林市河长办公室名义通报。

米林市在制定激励资金分配方案时,将获得国务院激励、河长制推进力度大、河湖管护成效明显、考核排名靠前和进步最大等纳入资金分配因素,给予相应乡(镇)倾斜支持。

米林市总河长、县级河长、米林市河长办公室可组织开展河湖长约谈,米林市河长办承担约谈的组织、协调、记录和督促工作,并对约谈落实情况适时进行复核。确需实行问责的,由米林市河长办按程序向相关部门移交问题线索。

米林市开展乡镇河长制工作考核见图2-14。在全市河长工作会议上宣读表扬名单见图2-15。米林市乡村两级河湖长考核工作要求见图2-16。

图2-14 米林市开展乡镇河长制工作考核

续图 2-14

图 2-15　在全市河长工作会议上宣读表扬名单

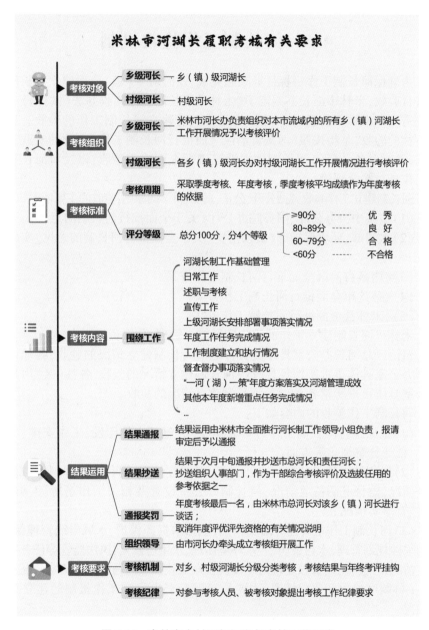

米林市河湖长履职考核有关要求

考核对象
- 乡级河长 — 乡（镇）级河湖长
- 村级河长 — 村级河长

考核组织
- 乡级河长 — 米林市河长办负责组织对本市流域内的所有乡（镇）河湖长工作开展情况予以考核评价
- 村级河长 — 各乡（镇）级河长办对村级河湖长工作开展情况进行考核评价

考核标准
- 考核周期 — 采取季度考核、年度考核，季度考核平均成绩作为年度考核的依据
- 评分等级 — 总分100分，分4个等级
  - ≥90分 —— 优 秀
  - 80~89分 —— 良 好
  - 60~79分 —— 合 格
  - <60分 —— 不合格

考核内容 — 围绕工作
- 河湖长制工作基础管理
- 日常工作
- 述职与考核
- 宣传工作
- 上级河湖长安排部署事项落实情况
- 年度工作任务完成情况
- 工作制度建立和执行情况
- 督查督办事项落实情况
- "一河（湖）一策"年度方案落实及河湖管理成效
- 其他本年度新增重点任务完成情况
- ...

结果运用
- 结果通报 — 结果运用由米林市全面推行河长制工作领导小组负责，报请审定后予以通报
- 结果抄送 — 结果于次月中旬通报并抄送市总河长和责任河长；抄送组织人事部门，作为干部综合考核评价及选拔任用的参考依据之一
- 通报奖罚 — 年度考核最后一名，由米林市总河长对该乡（镇）河长进行谈话；取消年度评优评先资格的有关情况说明

考核要求
- 组织领导 — 由市河长办牵头成立考核组开展工作
- 考核机制 — 对乡、村级河湖长分级分类考核，考核结果与年终考评挂钩
- 考核纪律 — 对参与考核人员、被考核对象提出考核工作纪律要求

图2-16 米林市乡村两级河湖长考核工作要求

4.6　河长制工作验收机制

　　为确保河长制工作目标任务顺利完成,及时对乡(镇)全面建立河长制工作进行验收,米林市河长办制定了《米林县河长制工作验收办法(试行)》。该办法适用于米林市县级对乡(镇)级党委政府建立河长制工作的验收。该办法所称的验收,是指按照《西藏自治区全面推行河长制工作方案》的实践节点要求,及时对各县(区)河长制建立情况进行全面检查验收,以及对河长制建立工作进行综合评价。

　　河长制建立工作验收遵循公开、公正、真实、科学的原则,验收的主要依据如下:

　　(1)中共中央办公厅、国务院办公厅《关于全面推行河长制的意见》。

　　(2)水利部、环境保护部《贯彻落实〈关于全面推行河长制的意见〉实施方案》。

　　(3)《西藏自治区全面推行河长制工作方案》。

　　(4)《林芝市全面推行河长制工作方案》。

　　(5)《米林县全面推行河长制工作方案》。

　　米林市河长制建立工作的验收实行统一管理、分级负责制度。

　　自治区总河长办公室具体负责各地市河长制建立情况的验收,各地市河长制办公室具体负责所辖各县(区)河长制建立情况的验收,各县(区)河长制办公室具体负责所辖各乡(镇)河长制建立情况的验收。

　　河长制工作验收的内容如下:

　　(1)全面推行河长制工作方案制定情况,包括文件印发、工作安排、工作目标、任务分解细化等方面。

　　(2)组织体系建设情况,包括河(湖)长设立情况,河长公示牌制作与设立维护情况,监督电话畅通情况,河长制办公室设置及相关工作场所、人员、设备、经费落实情况。

　　(3)河长制工作主要任务落实情况,包括水资源保护、水域岸线管理保护、河湖采砂规划管理、水污染防治、水环境治理、水生态修复、执法监管等任务责任落实情况,各类检查、督导发现问题以及公众反映强烈问题的整改落实情况。

　　(4)制度建立和执行情况,主要是河(湖)长制六项工作机制的建立和执行情况。

　　(5)"一河(湖)一策"执行情况。

　　(6)河长制职责落实情况,主要是河(湖)长对所负责河(湖)管理保护工作的履职情况。

　　米林市河长制工作机制见图2-17。

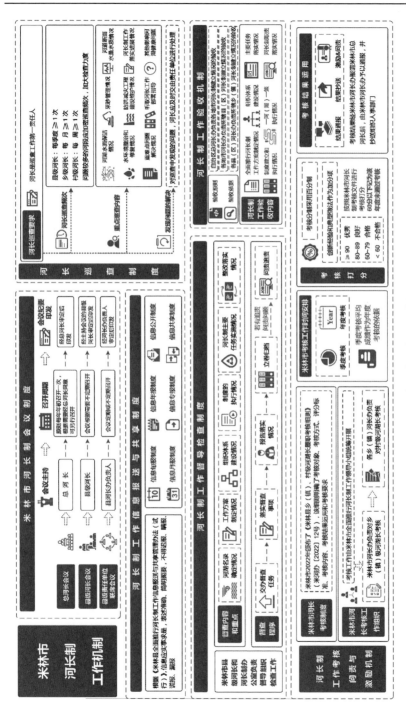

图 2-17 米林市河长制工作机制

三、实践篇

1. 米林市河长制工作开展概况

米林市认真贯彻落实中央和西藏自治区党委、林芝市委的决策部署,紧紧围绕河长制工作六大任务,落实五个抓手(见图3-1),河湖"四乱"(乱占、乱采、乱堆、乱建)得到有效整治,水环境保护与水污染防治取得显著成效,实现了"水清、岸绿、河畅、景美"的目标。

图 3-1 五个抓手

(1)抓机制,推进工作显定力。

米林市围绕"稳定、发展、生态、强边"四件大事,建立以市委、市政府党政主要领导任总河长的工作体系,建立以分管副市长为河长制办公室主任、各县级领导任河湖长的河长制工作领导小组,建立以党政领导负责制为核心的县、乡、村3级河长工作机制,实现乡村河长全覆盖。结合米林市工作实际,出台《米林县河长会议制度(试行)》《米林县全面推行河长制工作督导检查制度》等制度,推动河长制工作落细落实;制定《建议"河(湖)长+检察长+警长"联动工作协作机制的意见》等文件,不断加强河长办、检察机关、公安机关及各成员单位的协作机制;印发《米林县乡(镇)村级河湖长履职考核细则》《米林县深化河道采砂管理实施方案》,进一步加强河道采砂管理,提升各级河长履职能力。目前,全市河湖长共224名,其中县级河长19名,乡级河长82名,村级河长119名,湖长4名。

(2)抓党建,引领带动强引力。

充分发挥党建引领作用,形成县、乡、村三级共治共护的浓厚氛围。市委、政府党政主要领导以身作则、以上率下,带头开展专项行动,2022 年在"七一"建党节开展"军警民企联谊共庆党的生日 县乡村联动同护河湖美丽"主题巡边巡河活动;同年 10 月组织各乡镇开展以"做好护河人 喜迎二十大"为主题的巡河护河活动,喜迎党的二十大胜利召开,不断增强河长制工作凝聚力、战斗力。市委、市政府党组理论学习中心组始终把学习贯彻党中央和区、市关于河湖长制工作决策部署和上级领导指示批示精神作为重要政治任务,深入学习领会习近平生态文明思想,各乡镇及驻村工作队广泛开展宣讲,把党中央和自治区、市委关于河长制工作会议及文件精神传达到千家万户,教育引导广大干部群众树牢"绿水青山就是金山银山,冰天雪地也是金山银山"的理念,自觉增强"四个意识"、坚定"四个自信"、做到"两个维护",把思想和行动统一到党中央和自治区、林芝市决策部署上来。

各乡镇开展"做好护河人 喜迎二十大"为主题的巡河护河活动见图 3-2。开展"军警民企共同巡边巡河 共庆伟大建党节"的主题党日活动见图 3-3。

图 3-2　各乡镇开展"做好护河人 喜迎二十大"为主题的巡河护河活动

续图 3-2

续图 3-2

续图 3-2

续图 3-2

图 3-3　开展"军警民企共同巡边巡河 共庆伟大建党节"的主题党日活动

(3)抓融合,创新联动增合力。

注重多部门协同联动,通过多结合、多联动、多协同、多融入,形成共抓共建共治共护共享河长制工作新格局。2022年,共组织专项整治14次,清理河道垃圾31 t,联合执法巡查9次,下发整改通知书13份,完成各类问题的整改。

一是推行"河长+检察长+警长"联动机制。米林市制定了《建立"河(湖)长+检察长+警长"联动工作协作机制的意见》并印发,强化检察监督职能与行政执法职能衔接配合,形成工作合力。充分运用"河长+检察长+警长"联动机制,通过多部门协同联动,河道"四乱"、水环境污染等问题治理取得显著成效。

二是打造"河长+林长"共治格局。在全面推行河长制、林长制工作中,米林市不断总结经验,积极探索推动建立联动机制,"河长+林长"协作机制是米林市河长办、林长办推动国家生态文明高地创建的有力抓手,顺应了新时代河长制、林长制发展的需要,有利于形成资源信息共享、协同保护的合力,通过探索实行"河长+林长"共治机制,努力做到共商、共治、共建、共享,"河长+林长"共治机制在米林市"山水林田湖草沙冰"一体化保护和系统治理、项目建设管理、河道采砂管理等方面的实际运用中取得了显著效果。米林市持续大力落实"河长+林长"协同共治机制,整合各方力量和资源,充分发挥河长制、林长制优势,强化协同配合,压实治理责任,形成工作合力,共商水美、林绿,统筹推进巡河及森防工作。

三是深度融入民俗。推动边境多民族地区河长制落实是米林市河长制工作的重点。为提高河湖保护意识,以党建为引领,因地制宜,按照"河畅、水清、岸绿、景美"的总体目标,推动河长制与边境地区民俗的融合。在工布新年来临之际,米林市河长办联合检察院、扎西绕登乡开展"河湖长检察长同护米林河湖 各族群众共迎工布新年"主题的联合活动,赴河道采砂点开展联合检查,与藏族、珞巴族等各族群众共巡河并发放河长制宣传物品和资料,献上真挚的工布新年祝福。此活动开创了河长制融入边境地区民俗的先河,并提升了"河(湖)长+检察长"协作机制开展的成效。

河长制融入边境民俗,以河湖畅清喜迎工布新年见图3-4。

四是创建河长制积分超市。米林市河长办联合市妇联在多个乡镇共同打造"积分制强化河湖保护"模式,创建河长制积分超市,让小积分发挥大作用,激发群众主动参与保护河湖环境的积极性,进一步推动形成河湖治理保护共建共治共享的新局面。

图 3-4　河长制融入边境民俗,以河湖畅清喜迎工布新年

多部门联合开展河湖保护检查见图 3-5。

图 3-5 多部门联合开展河湖保护检查

(4)抓业务,责任落实提效力。

聚焦主业,落实责任,扎实推进河长制各项工作。一是持续开展 31 条河流"一河一策"方案的修编与审查。二是完成 14 条县级河流河湖划界审查与验收工作,埋设界桩 38 个、设立告示牌 14 个。三是结合河长制激励资金与县级财政配套资金,组织开展 17 条县级河流健康评价工作。四是参与并开展河湖管理培训,提高河长制工作人员管理水平。五是编制 4 条县级河流的岸线保护利用规划。六是建设米林市河长制管理信息系统。七是绘制米林市河流水系图,对"一河一档"信息进行复核。八是米林市河长办自主设计巡河温馨提示卡,创新巡河提醒机制,助力河长巡河。九是注重系统治理,大力推进米林市水系连通及水美乡村建设试点县项目,开展县域节水型社会达标建设项目并完成验收,新建与改造山洪灾害非工程措施设施;全市水位站、自动雨量站、简易雨量站运行良好;完成 4 个生态宜居村庄建设;完成生态治理项目及中小河流治理项目建设工作;对城区雨污水管网进行新建和改造;通过河长制工作高效开展,米林市重要江河湖泊水功能区水质目标达标率 100%,县城集中饮用水水源地水质达到《地表水环境质量标准》(GB 3838—2002)Ⅱ类水质标准。

米林市完成河长制信息化平台建设项目验收工作见图 3-6。

(5)抓宣传,营造氛围聚众力。

《全面推行河长制的意见》提出"进一步做好宣传舆论引导,提高全社会对河湖保护工作的责任意识和参与意识",米林市优美的自然环境、丰富的旅游资源、浓厚的文化底蕴,都离不开水兴文化的发挥,为全面践行"绿水青山就是金山银山"等生态环保理念,全面推动生态文明建设,形成人人参与河湖保护,营造良好的氛围,米林市河长办充分发挥线上、线下相结合的宣传优势,做好宣传工作。一是在网信米林、米林融媒、微信公众号等新媒体转发、播放河湖长制工作。二是组织开展河长制宣传"七进"(进机关、进社区、进学校、进企业、进乡村、进景区、进工地)活动,通过现场宣讲、设置标语和宣传栏、发放宣传物品、播放视频等方式,大力宣传河长制工作的重要性和必要性。三是与移动公司签订河长制宣传短信发送协议,在进出县城时发送河长制宣传短信。四是与米林市文化和旅游局联合发布"争当护河使者,共建幸福米林"倡议书。五是结合米林青年干部培训等米林市委党校培训平台,宣传讲授河长制工作有关知识。

开展河长制宣传"七进"活动见图 3-7。米林市委党校青年干部培训班河长制工作讲授见图 3-8。

图 3-6 米林市完成河长制信息化平台建设项目验收工作

图 3-7   开展河长制宣传"七进"活动

续图 3-7

续图 3-7

续图 3-7

图 3-8　米林市委党校青年干部培训班河长制工作讲授

　　为进一步加大河长制工作的宣传力度,营造全民参与、保护河湖的浓厚氛围,米林市河长办与移动公司签订短信发送协议,在市区出入口发送河长制宣传短信(见图 3-9),有效提高信息宣传效率。

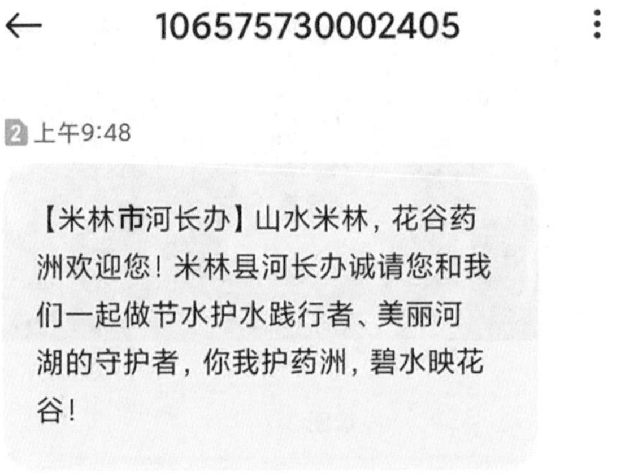

←　　　　　**106575730002405**　　　　⋮

2 上午9:48

　　【米林市河长办】山水米林,花谷药洲欢迎您!米林县河长办诚请您和我们一起做节水护水践行者、美丽河湖的守护者,你我护药洲,碧水映花谷!

图 3-9　与移动公司签订在市区出入口发送河长制宣传短信发送协议

2022年,米林市河长办及米林文化和旅游局联合发出"爱护米林家园"的倡议(见图3-10),倡议大家共同做节水护水的践行者、文明行为的倡导者、美丽河湖的建设者、爱护自然的行动者、河湖秩序的维护者、工程设施的看管者。善水而行,用实际行动爱护河湖。

爱护米林家园

我 们 在 行 动

亲爱的市民和游客朋友们:

水是万物之源,孕育了生命,使环境更优美,供人们观赏驻足。今日的米林,拥有着优美的自然环境、丰富的旅游资源、浓厚的文化底蕴,都离不开水兴文化发挥,为全面践行"绿水青山就是金山银山"等生态环保理念,全面推动生态文明建设,形成人人参与河湖保护,营造良好的氛围,米林市河长办和市文化和旅游局联合发出如下倡议:

一要做节水护水的践行者。 转变用水方式,增强节水意识,遏制用水浪费,减少水的跑、冒、滴、漏现象。以自身的行动带动他人效仿,保护水资源成为米林新风尚。

二要做文明行为的倡导者。 在河湖管理保护范围内不倾倒垃圾和其他废弃物,面对侵占河道、围垦湖泊、非法采砂、乱挂经幡、违规烧烤野炊、游玩制造垃圾等不文明行为,要敢于说"不",勇于劝阻。

三要做美丽河湖的建设者。 参与水源地保护,严禁在水源保护区内开展游泳、垂钓、电毒炸鱼、随意放生等不利于水源保护的活动。积极参与保护水生物,投身美丽河湖建设。

四要做爱护自然的行动者。 保护自然河湖等生态空间,参与江河区生态保护。爱护野生植物,保护水生物。积极参与植树造林,不乱砍滥伐、破坏林地,防止水土流失。

五要做河湖秩序的维护者。 自觉遵守有关河(湖)管理和保护的法律法规,支持河湖管理范围划定,保护河湖水域岸线生态功能。勇于制止、积极举报侵害河流的违法行为。

六要做工程设施的看管者。 不毁坏堤防、护岸等河道配套设施,不损毁水源地保护标志牌、河湖长制公示牌、河湖界桩等涉水标识。

保护美丽河湖,建设美好家园,需要你我共同参与。让我们共同携手,与河同在,善水而行,用实际行动落实环保理念,让米林的明天水清景美,碧水长流!

图3-10 米林市河长办及米林文化和旅游局联合发布倡议

　　米林市以严的制度、实的举措推进河湖长制工作落实,踔厉奋发,担当作为。将继续做到以水为核心、以河为纽带、以流域为基础,始终坚持党建引领,充分融合加强联动,有效推动产业发展,高质量维护河湖健康,以"河长护药洲,碧水映花谷"为口号认真做好各项工作,描绘米林河湖"水清、岸绿、河畅、景美"的和谐画卷!

　　人民网、"学习强国"平台报道米林河湖长制工作见图 3-11。米林市曾获评 2022 年度河长制湖长制工作激励市县(见图 3-12)。

我们的家园｜西藏米林：河长护药洲让水清岸绿河畅

人民网 ⊙

关注

2023-08-08 09:49　｜　人民网官方账号

学习强国

中共中央宣传部"学习强国"学习平台

打开

图 3-11　人民网、"学习强国"平台报道米林河湖长制工作

林芝米林河湖长制工作成效显著

 地方平台发布内容

西藏学习平台
2023-07-22

＋订阅

为构建绿色发展理念，推进生态文明建设，近年来，林芝市米林县围绕河湖长制工作"六大任务"，结合地方民族特色，落实"五个抓手"工作举措，河湖长制工作成效显著。

续图 3-11

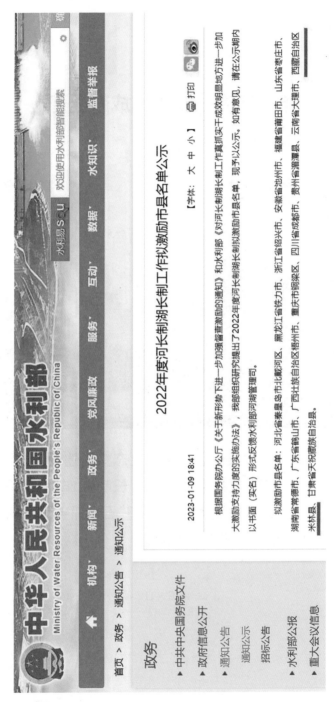

图 3-12 米林市曾获评 2022 年度河长制湖长制工作激励市县

2. 米林市河长制组织体系

米林市河长制工作始终保持以市委、市政府党政主要领导担任总河长的工作体系,分管副市长为河长制办公室主任,各县级领导担任县级河湖长的河长制工作领导小组成员,建立以党政领导负责制为核心的市、乡、村3级河长工作机制,实现乡村河长全覆盖。目前,米林市共有河(湖)长224名,其中县级河长19名,乡级河长82名,村级河长119名,湖长4名。

米林市河长制组织体系见图3-13。米林市河长制工作组织体系见图3-14。

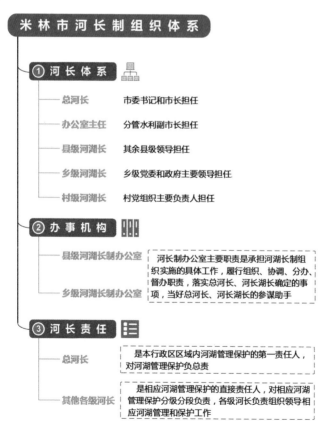

图 3-13　米林市河长制组织体系

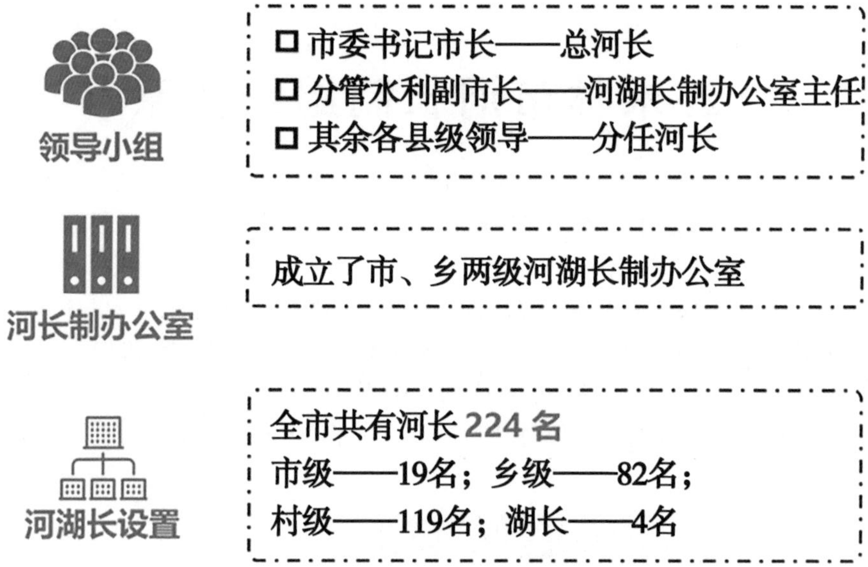

领导小组

☐ 市委书记市长——总河长
☐ 分管水利副市长——河湖长制办公室主任
☐ 其余各县级领导——分任河长

河长制办公室

成立了市、乡两级河湖长制办公室

河湖长设置

全市共有河长 **224 名**
市级——19名；**乡级**——82名；
村级——119名；**湖长**——4名

图 3-14　米林市河长制工作组织体系

3. 河长履职

为进一步细化各级河长湖长职责任务,规范各级河长湖长履职行为,发挥各级河长湖长履职作用,推动河长制落实落地,水利部制定了《河长湖长履职规范(试行)》(简称《规范》)并于 2021 年印发。《规范》分类细化了各级河长湖长的具体职责和任务,有针对性地规定了各级河长湖长的履职重点和履职方式。

按照《规范》,米林市总河长负责组织领导米林市河湖管理和保护工作,是米林市全面推行河长制工作的第一责任人,对米林市的河湖管理和保护负总责。河湖的最高层级河长湖长对相应河湖管理和保护负总责,分级分段(片)河长湖长对相应河湖管理和保护负直接责任。

各级河长湖长负责组织领导相应河湖的管理和保护工作,包括水资源保护、水域岸线管理、水污染防治、水环境治理等,牵头组织对侵占河道、围垦湖泊、超标排放、违法养殖、非法采砂、破坏航道、电毒炸鱼等突出问题依法进行清理整治,协调解决重大问题;统筹协调湖泊与入湖河流的管理保护工作,对跨行政区域的河湖明晰管理责任,协调上下游、左右岸实行联防联控;对相关部门(单位)和下一级河长、湖长履职情况进行督导,对计划任务完成情况进行考核,强化激励问责。

总河长审定河湖管理和保护中的重大事项、河长制重要制度文件,审定本级河长制办公室职责、河长制组成部门(单位)责任清单,推动建立部门(单位)间协调联动机制;主持研究部署河湖管理和保护重点任务、重大专项行动,协调解决河长制推进过程中涉及全局性的重大问题;组织督导落实河长制监督考核与激励问责制度;督导河长、湖长体系动态管理,及时向社会公告;完成上级总河长交办的任务。

县级河长、湖长定期或不定期巡查河湖,审定并实施相应河湖"一河(湖)一策"方案或细化实施方案,组织开展相应河湖突出问题专项治理和专项整治行动;协调和督促相关部门(单位)制定、实施相应河湖管理保护和治理规划,协调解决规划落实中的重大问题;组织开展相应河湖问题整治,督促下一级河长、湖长及本级相关部门(单位)处理和解决河湖出现的问题、依法依规查处相关违法行为;组织对本级相关部门(单位)和下一级河长、湖长履职情况进行督导,对年度任务完成情况进行考核;组织研究解决河湖管理和保护中的有关问题;完成上级河长湖长及本级总河长交办的任务。

乡级河长、湖长开展河湖经常性巡查,对巡查发现的问题进行整改,不能解决的问题及时向相关上级河长、湖长或河长制办公室、有关部门(单位)报告;组织开展河湖日常清漂、保洁等,配合上级河长、湖长,有关部门(单位)开展河湖问题清理整治或执法行动;完成上级河长、湖长交办的任务。

村级河长、湖长组织订立河湖保护村规民约,开展河湖日常巡查,对发现的涉河湖违规行为进行劝阻、制止,不能解决的问题及时向相关上级河长、湖长或河长制办公室、有关部门(单位)报告;完成上级河长、湖长交办的任务。

4. 河长公示牌

河长公示牌是设置在河(湖)等水域岸边显著位置,标明河(湖)名称、河(湖)基本情况、各级河(湖)长名单、河(湖)长职责、管护目标、监督电话、公示牌编号、公示牌设置单位等内容,具有宣传、舆论引导、信息公开、公众参与监督和评价等功能的设施。

在河(湖)等水域沿岸明显位置设立河(湖)长公示牌,公示牌公示内容主要包括以下内容:

(1)河流(湖泊)名称。

(2)河流起止点、长度,河流流域面积、湖泊面积等基本情况。

(3)各级河(湖)长姓名、职务、联系方式;县级河长公示牌包括该河流米林市县级河长姓名和职务,乡级、村级河长姓名和职务。

(4)河(湖)长职责。各级河长公示牌载明本级河长的职责,其中米林市县级河长制职责包括:负责牵头组织开展所负责河湖的水环境现状调查,履行指导、协调和监督所分管河湖的保护管理工作,推进河湖突出问题整治、水污染综合防治。

(5)管护目标,具体包括河道无污染直排、水域无障碍、堤岸无损毁、河面无垃圾、沿岸无违建、水质无恶化。

(6)设置监督电话、微信公众号,其中县级河长制公示牌监督电话包括:米林市河长办电话、林芝市河长办电话、西藏自治区河长办电话、水利部监督举报电话。

(7)公示牌设置单位名称,米林市县、乡、村级河流公示牌设置单位均为米林市河长办。

(8)公示牌编号。公示牌应标明编号,由林芝市河长办统一编号,每块公示牌编号具有唯一性(见图3-15)。

河(湖)长调整或者河(湖)长联系方式、职务等信息发生变动时,由米林市河长办及时更新公示牌相关信息。

河长开展巡查工作包括巡查河长公示牌等涉水告示牌设置是否规范,内容是否更新,公示牌是否存在倾斜、破损、移位、变形、老化等影响使用的问题(见图3-16)。

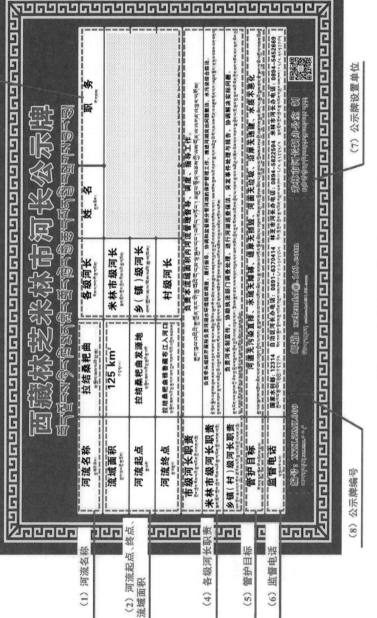

图 3-15　河长制公示牌示意图

图 3-16 河长公示牌设立与更新维护情况检查

5. 河湖岸线与保护利用规划

河湖岸线是指河流两侧、湖泊周边一定范围内水陆相交的带状区域,它是河流、湖泊自然生态空间的重要组成部分。岸线的有效保护和合理利用对沿岸地区生态文明建设和经济社会发展具有重要的作用。编制河湖岸线保护与利用规划,划定岸线功能分区,是全面推行河湖长制明确的重要任务,是加强岸线空间管控的重要基础,是推动岸线有效保护和合理利用的重要措施,对于保障河流的河势稳定和防洪安全、供水安全、航运安全、生态安全具有重要意义。

为贯彻落实推动新阶段水利高质量发展的安排部署和全国水利工作会议精神,扎实做好河湖长制和河湖管理工作,水利部办公厅在 2022 年、2023 年河湖管理工作要点中均强调要抓好岸线保护与利用规划编制,加强河湖水域岸线空间分区分类管控。特别是在 2023 年河湖管理工作要点中提出,推进各地加快河湖岸线保护与利用规划编制审批,基本完成省级负责编制的河湖岸线保护与利用规划批准印发,推进市、县级河湖岸线保护与规划编制审批取得明显进展。

为贯彻落实水利部、自治区河湖管理工作精神,推动米林市进一步深化落实河长制,持续加大河道管护力度,强化河流岸线合理保护与利用,2023 年米林市河长制办公室组织开展了巴嘎浦曲、罗补绒曲、鲁霞曲和夺卡龙曲 4 条县级河流岸线保护与利用规划的编制工作,并完成了成果审查验收。

米林市岸线保护规划的任务是统筹考虑经济社会发展、防洪、河势、供水及生态环境保护等方面的要求,科学划分岸线边界和功能分区,加强岸线空间管控,严格分类管理,规范岸线资源开发利用,促进岸线资源集约节约利用,为今后一定时期岸线开发利用与管理保护提供重要依据,为沿河经济建设服务。

本次规划按照《河湖岸线保护与利用规划编制指南(试行)》的要求,从维持河流健康,发挥政府对涉水涉河事务社会管理职能的要求出发,坚持科学保护、有效利用,对 4 条县级河流岸线功能分区进行了科学布局,可指导沿岸各地岸线资源的科学合理利用和有效保护,规划符合我国全面推行河长制、深化水利改革的要求。

5.1 岸线边界线及功能区

岸线边界线是指沿河流走向或湖泊沿岸周边划定的用于界定各类岸线功能区垂向带区范围的边界线,分为临水边界线和外缘边界线。

临水边界线是根据稳定河势、保障河道行洪安全和维护河流湖泊生态等基本要求,在河流或湖泊沿岸临水一侧划定的岸线带区内边界线。

外缘边界线是根据河流湖泊岸线管理保护、维护河流功能等管控要求,在河流或湖泊(水库)沿岸周边陆域一侧划定的岸线带区边界线。

在外缘边界线和临水边界线之间的带状区域即为岸线。岸线既具有行洪、调节水流和维护河流(湖泊)健康的自然生态功能属性,同时在一定的情况下,也具有开发利用价值的资源功能属性。

岸线功能区是根据河湖岸线的自然属性、经济社会功能属性以及保护和利用要求划定的不同功能定位的区段,分为岸线保护区、岸线保留区、岸线控制利用区和岸线开发利用区。

岸线保护区是指岸线开发利用可能对防洪安全、河势稳定、供水安全、生态环境、重要枢纽和涉水工程安全等有明显不利影响的岸段。岸线保留区是指规划期内暂时不宜开发利用或者尚不具备开发利用条件,为生态保护预留的岸段。

岸线控制利用区是指岸线开发利用程度较高或开发利用对防洪安全、河势稳定、供水安全和生态环境可能造成一定影响,需要控制其开发利用强度、调整开发利用方式或开发利用用途的岸段。岸线开发利用区是指河势基本稳定,岸线利用条件较好,岸线开发利用对防洪安全、河势稳定、供水安全以及生态环境影响较小的岸段。

根据本次规划成果,巴嘎浦曲干流共划分各类岸线功能区 14 个,其中岸线保护区 8 个、岸线保留区 4 个、岸线控制利用区 2 个;岸线总长度 46.78 km,其中岸线保护区占比 82.71%,岸线保留区占比 12.21%,岸线控制利用区占比 5.08%。罗补绒曲干流共划分岸线功能区 8 个,其中岸线保护区 2 个,岸线保留区 4 个,岸线控制利用区 2 个;岸线总长度 107.99 km,其中岸线保护区占比 64.51%,岸线保留区占比 22.73%,岸线控制利用区占比 12.76%。夺卡龙曲干流共划分各类岸线功能区 10 个,其中岸线保护区 4 个、岸线保留区 2 个,岸线控制利用区 4 个;岸线总长度 48.32 km,其中岸线保护区占比 79.24%,岸线保留区占比 6.79%,岸线控制利用区占比 13.97%。鲁霞曲干流共划分各类岸线功能区 8 个,其中岸线保护区 6 个、岸线保留区 2 个;岸线总长度 38.12 km,其中岸线保护区占比 80.17%,岸线保留区占比 19.83%(见表 3-1)。

表 3-1　米林市 4 条县级河流岸线功能区划分成果

项目		岸线功能区类型			
		岸线保护区	岸线保留区	岸线控制利用区	合计
巴嘎浦曲	数量/个	8	4	2	14
	长度/km	38.69	5.71	2.38	46.78
	长度占比/%	82.71	12.21	5.08	100
罗补绒曲	数量/个	2	4	2	8
	长度/km	69.66	24.55	13.78	107.99
	长度占比/%	64.51	22.73	12.76	100
夺卡龙曲	数量/个	4	2	4	10
	长度/km	38.29	3.28	6.75	48.32
	长度占比/%	79.24	6.79	13.97	100
鲁霞曲	数量/个	6	2	—	8
	长度/km	30.56	7.56	—	38.12
	长度占比/%	80.17	19.83	—	100

米林市鲁霞曲某段岸线功能区规划示意图见图 3-17。

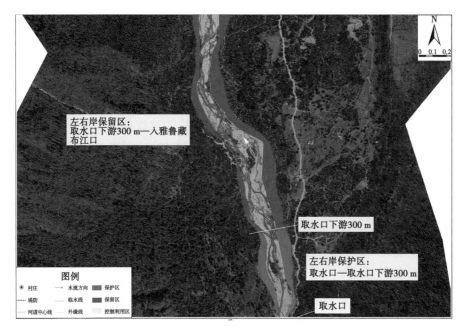

图 3-17 米林市鲁霞曲某段岸线功能区规划示意图

5.2 岸线管控要求

河道岸线是河流自然生态空间的重要组成部分。岸线的有效保护和合理利用对沿岸地区生态文明建设和经济社会发展具有重要作用。岸线功能区的管理,必须符合《中华人民共和国水法》《中华人民共和国防洪法》《中华人民共和国环境保护法》《中华人民共和国河道管理条例》等法律法规,以及《西藏自治区河道管理范围内建设项目管理暂行办法》等规定,严格执行防洪影响评价、水资源论证和环境影响评价等相关行政审批制度。

5.2.1 岸线分区管控要求

岸线管理的总体目标是在保障防洪安全、河势稳定、供水安全、保护水生态环境和其他公众利益活动的前提下,充分协调涉及岸线各行业的利益,使得涉岸建筑物如防洪堤、桥梁、道路等科学合理布局。岸线既需要保护,同时在一定情况下也具有开发利用价值。任何进入外缘边界线以内岸线区域的开发利用行为都必须符合岸线功能区划的规定及管理要求。根据米林市开展的 4

条县级河流的岸线保护与利用规划成果,夺卡龙曲、罗补绒曲、巴嘎浦曲3条河流均划分为岸线保护区、岸线保留区和岸线控制利用区三类,鲁霞曲划分为岸线保护区、岸线保留区两类。各功能区实行分区管理,具体管理要求如下。

5.2.1.1　岸线保护区

岸线保护区应根据保护目标有针对性地进行管理,严格按照相关法律法规的规定,规划期内禁止建设可能影响保护目标的建设项目。按照相关规划在岸线保护区内必须实施的防洪护岸、河道治理、供水、国家重要基础设施等事关公共安全及公众利益的建设项目,须经充分论证并严格按照法律法规要求履行相关许可程序。

为保护生态环境划定的岸线保护区,岸线保护区内不得建设任何生产设施;为生态红线划定的岸线保护区,生态红线规定了明确管控要求的,按照生态红线的管控要求进行管理,生态红线没有规定明确管控要求的,按照生态环境岸线保护区管控原则进行管理。各级政府应按照有关法律法规的规定,对岸线保护区内违法违规或不符合岸线保护区管理要求的已建项目进行清查和整改。

5.2.1.2　岸线保留区

为河势不稳定河段划定的岸线保留区,须待河势趋于稳定、具备岸线开发利用条件后,或在不影响后续防洪(包括险工险段)治理、河道治理的前提下,方可开发利用。

为保护生态环境划定的岸线保留区,涉及自然保护区的实验区、国家森林公园保育区、国家湿地公园划定的岸线保留区,因防洪安全、河势稳定、供水安全及经济社会发展需要必须建设的防洪护岸、河道治理、取水、生态环境治理、国家重要基础设施等工程,须经充分论证并严格按照法律法规要求履行相关许可程序,禁止其他岸线开发活动。

规划期内暂无开发利用需求划定的岸线保留区,因经济社会发展确需开发利用的,经充分论证并按照法律法规要求履行相关手续后,可参照岸线控制利用区管理。

5.2.1.3　岸线控制利用区

岸线控制利用区管理重点是严格控制建设项目类型或控制其开发利用强度。对于可能影响防洪安全等的岸线利用区,应按照国土、城市、水利、交通等部门的相关规划,合理控制整体开发规模和强度,新建和改扩建项目必须严格论证,不得对防洪安全等产生不利影响。各级人民政府应严格按照有关法律法规的规定,对于不符合岸线控制利用区管理目标的违法违规建设项目进行清退;对于符合岸线控制利用区管理目标的违法违规建设项目开展论证并进行整改;对岸线开发利用程度较高岸段的已建项目进行整合;对防洪安全、河势稳定、供水安全有较大不利影响的已建项目进行整改、拆除或搬迁。

5.2.2　岸线利用项目管理

(1)在河道岸线、水域、滩地内建设相关工程设施,按照《中华人民共和国防洪法》第二十七条、《中华人民共和国河道管理条例》第十一条,应报有权限的水行政主管部门或河道主管机关审查。安排施工时,应当按照水行政主管部门审查批准的位置和界限进行。

①修建开发水利、防治水害、整治河道的各类工程和跨河、穿河、穿堤、临河的桥梁、道路、渡口、管道、缆线等建筑物及设施,建设单位必须按照河道管理权限,将工程建设方案报送河道主管机关审查同意。未经河道主管机关审查同意的,建设单位不得开工建设。建设项目经批准后,建设单位应当将施工安排告知河道主管机关。

②修建桥梁等设施,必须按照国家规定的防洪标准所确定的河宽进行,不得缩窄河流行洪通道。

③桥梁和栈桥的梁底必须高于设计洪水位,并按照防洪的要求,留有一定的超高。设计洪水位由河湖主管机关根据防洪规划确定。

④跨越河道的管道、线路的净空高度必须符合防洪的要求。

(2)涉水工程,与防洪、水资源或水环境治理及保护有关的项目,应符合流域综合规划和防洪、水资源等相关规划要求。

(3)在水文监测环境保护范围内从事影响水文监测的活动,按照《西藏自治区水文管理办法》,水文机构应协助水行政主管部门进行监管。

(4)在河道岸线功能区、水域、滩地内,从事水文监测活动,需报经县级以上地方人民政府水行政主管部门或者管理单位批准。

(5)需对岸线或岸线功能区进行调整的,应征求水行政主管部门意见,并报岸线利用管理规划的原批准单位同意后实施。

(6)编制有关涉河生态环境、林业、旅游、交通等行业规划要与本规划相协调,按各自权限审批并事先征求水行政主管部门的意见。

(7)各级土地主管部门在进行河道岸线功能区、水域、滩地等土地使用权转让审批前,需征求水行政主管部门和流域管理机构意见。

(8)岸线管理应建立水利行业与其他行业主管部门的开发利用管理协调

机制。当行业在岸线利用上存在利益冲突时,由行业主管部门向当地同级人民政府水行政主管部门提出,并由水行政主管部门进行协调、形成处理意见报同级人民政府批准后实施,同级水行政主管部门无法处理的由上一级水行政主管部门与当地人民政府协商解决。

夺卡龙曲某河段岸线功能区划分见图3-18。

图 3-18　夺卡龙曲某河段岸线功能区划分

6. 河湖管理范围划定

6.1 河湖管理范围有关规定

根据《水利部关于加快推进河湖管理范围划定工作的通知》(水河湖〔2018〕314号),依法划定河湖管理范围,明确河湖管理边界线,是加强河湖管理的基础性工作,也是《中华人民共和国水法》《中华人民共和国防洪法》《中华人民共和国河道管理条例》等法律法规作出的规定,更是全面推行河长制、湖长制明确的任务要求。

根据《中华人民共和国河道管理条例》第二十条"有堤防的河道,其管理范围为两岸堤防之间的水域、沙洲、滩地(包括可耕地)、行洪区,两岸堤防及护堤地。无堤防的河道,其管理范围根据历史最高洪水位或者设计洪水位确定",河湖管理范围划定,由县级以上人民政府负责,县级以上水行政主管部门商请相关部门开展具体划定工作。

河湖管理范围,由县级以上地方人民政府通过公告、网站、电视、报纸、手机短信、微信公众号等多种形式向社会公告。可在河湖显著位置设立公告牌,或在已有的河长公示牌上标注河湖管理范围信息,有条件的地区可埋设界桩。

根据《西藏自治区人民政府关于划定西藏自治区主要河湖管理范围的通告》,在河道管理范围内禁止下列活动:

(1)修建围堤、阻水渠道、阻水道路;种植高秆农作物和树木(堤防防护林除外);设置拦河渔具;弃置矿渣、石渣、煤灰、泥土、垃圾等。

(2)在堤防和护堤地建房、放牧、开渠、打井、挖窖、葬坟、晒粮、存放物料、开采地下资源、进行考古发掘以及开展集市贸易活动;在堤防保护范围内打井、钻探、爆破、挖筑鱼塘、采石、取土等危害堤防安全的活动。

(3)堆放、倾倒、掩埋、排放污染水体的物体;在河道内清洗装贮过油类或者有毒污染物的车辆、容器。

(4)在有山体滑坡、崩岸、泥石流等自然灾害的山区河道河段从事开山采石、采矿、开荒等危及山体稳定的活动。

修建跨河、穿河、穿堤、临河的桥梁、码头、道路、渡口、管道、缆线等建筑物及设施,建设单位必须按照河道管理权限,将工程建设方案报送河道主管机关审查同意。

在河道管理范围内进行下列活动,必须报经河道主管机关批准:采砂、取土、淘金、弃置砂石或者清淤;爆破、钻探、挖筑鱼塘;存放物料、修建厂房或者其他建筑设施;在河道滩地开采地下资源及进行考古发掘。

违反上述规定的将依照《中华人民共和国水法》《中华人民共和国防洪法》《中华人民共和国河道管理条例》等法律法规规定,追究当事人的法律责任。

6.2 米林市河湖管理范围划定工作开展情况

为切实加强河湖管理和水利工程管理,充分发挥河湖功能和水利工程效益,按照《水利部关于深化水利改革的指导意见》《关于加强河湖管理工作的指导意见》《水利部深化水利改革领导小组 2014 年工作要点》和水利部建设管理与质量安全中心发布的《河湖管理范围和水利工程管理与保护范围划界工作调查技术方案》的要求,西藏自治区水利厅决定开展河湖管理范围和水利工程管理与保护范围的划定工作。按照自治区工作部署,结合实际情况,米林市有序开展河湖管理范围划定工作,具体如下:

(1)2020 年完成了"自治区河湖管理范围划定工作河湖名录"中(除自治区主要河湖)米林市河湖和规模以下农村河湖管理范围的图上划定工作,完成公告。

(2)2021 年全面完成了"自治区河湖管理范围划定工作河湖名录"中(除自治区主要河湖)米林市河湖和规模以下农村河湖管理范围细化完善工作,包括界桩、告示牌埋设与安装;2021 年底基本完成"米林县岸线保护与利用规划编制名录"中河湖水域岸线保护与利用规划工作,并按程序审批。

米林市人民政府负责组织实施米林市内河湖管理范围划定工作;米林市水利局制订实施方案,负责该工作的牵头协调、组织实施;米林市发改委、市自然资源局、市生态环境局米林分局、市交通运输局、市财政局、市住建局、市旅发委、林芝市农业农村局、市气象局、市林业和草原局以及各乡(镇)等单位根据职责做好相应的支持配合工作;米林市人民政府批准并公告,上报河湖管理范围划定工作成果;米林市水利局负责辖区内河道管理范围的界桩(牌)、告示牌、埋设控制点等设施的管护。

米林市河道管理范围划分工作主要包括以下内容:

（1）现场勘查及基本资料收集整理。现场踏勘开展现状河道岸线、堤防建设及管理情况调查，涉河水利工程情况调查等。

（2）地形图及河道断面测绘。根据实际情况及管理范围划定工作要求，对管理范围划定的河段采用1:10 000沿河带状地形图测绘和河道断面实测及已有1:10 000地形图提取相结合的方式开展。

（3）河道管理范围线划定。以地形图为底图，辅以高精度正射影像图，采用内业方式，进行图上作业，完成管理范围线的初步划定。

（4）管理桩牌制作及安装。根据初步划定的管理范围线，按照要求设定界桩坐标点的位置，并绘制管理（保护）范围界线及界桩坐标点设置平面图。

（5）完成划界成果。成果包括划界报告书、管理范围界线及界桩坐标点设置平面图、界桩坐标点成果表等。

界桩标注示意图见图3-19。

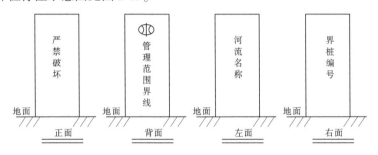

图3-19　界桩标注示意图

河道管理范围划分标准如下：

（1）有堤防且堤防达标的河道，管理范围与保护范围根据水利工程河段中堤防工程相关划定标准确定，采用堤防工程管理与保护范围边界线作为河道管理范围线和保护范围线。

（2）无堤防、有防洪规划的河道，根据已批复河道治理规划中规划设计的堤防断面图和堤防等级，按照有堤防且堤防达标的河道的相关划定标准确定管理范围线和保护范围线。

（3）无堤防、无防洪规划的河道。针对无堤防、无防洪规划河道，采用防洪标准设计洪水位、调查的历史最高洪水位或常年平均洪水位加一定超高确定水位，与岸坡的交线来确定管理范围。采用防洪标准设计洪水位时，应结合防洪保护对象,按照《防洪标准》(GB 50201—2014)综合论证确定。有堤防但堤防不达标的河道也按照此标准确定。

(4)其他特殊情况。少量堤防有缺口、不连续,可通过上、下游有堤防段平顺连接划定管理范围线;无人区或无水文资料区域的河道,可根据卫星影像合理判定最高水位确定管理范围。

堤防工程管理及保护范围如下。

(1)管理范围。

堤防工程管理范围一般包括以下工程和设施的建筑场地和管理用地:

①堤身,包括堤内外戗堤、防渗导渗工程及护堤地。

②穿堤、跨堤交叉建筑物,包括各类水闸、船闸、桥涵、泵站、鱼道、伐道、道口、码头等。

③附属工程设施,包括观测、交通、通信设施、测量控制标点、护堤哨所、界碑、里程碑及其他维护管理设施。

④综合开发经营生产基地。

⑤管理单位生产、生活区建筑,包括办公用房屋、设备材料仓库、维修生产车间、砂石料堆场、职工住宅及其他生产生活福利设施。

护堤地范围根据堤防工程级别,结合当地的自然条件、历史习惯和土地资源开发利用等情况综合分析确定:

①护堤地宽度,从堤防外坡脚线开始起算,设有戗堤或防渗压重铺盖的堤段,从戗堤或防渗压重铺盖坡脚线开始起算。

②根据《西藏自治区水利工程管理条例》,护堤地宽度如表 3-2 所示。

表 3-2　护堤地宽度

工程级别	1	2	3、4	5
护堤地宽度/m	50	30	20	0

③堤防工程首尾端护堤地纵向延伸长度,根据地形特点适当延伸,参照相应护堤地的横向宽度确定。

④城市堤防工程护堤地宽度,在保证工程安全和管理运用方便的前提下,可根据城区土地利用情况,进行适当调整。

(2)保护范围。

在堤防工程管理范围(护堤地)边界线以外,划定保护范围,根据《西藏自治区水利工程管理条例》,堤防工程保护范围宽度如表3-3所示。

表3-3 堤防工程保护范围宽度

工程级别	1	2	3、4	5
护堤地宽度/m	100	50	30	10

河道管理范围示意图见图3-20。

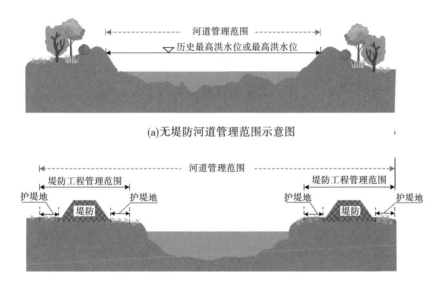

(a)无堤防河道管理范围示意图

(b)有堤防河道管理范围示意图

图3-20 河道管理范围示意图

对于河段主管单位为米林市水利局、属于米林市管理河道的,该河段内管理内容及报批程序如下:

(1)河道内的水资源综合利用规划、专业规划和规划治导线由林芝市水利局组织编制报林芝市人民政府审批。

（2）在河道河段内建设水工程，其工程可行性研究报告报请批准前，由林芝市水利局按规定进行审查并签署意见。

（3）在河道河段内建设跨河、穿河、穿堤、临河的桥梁、码头、道路、渡口、管道、缆线、取水、排水等工程设施，其建设方案由林芝市水利局按有关规定审查同意。

（4）河道河段内的水功能区划由林芝市水利局会同林芝市环保局拟定，报林芝市政府批准；在上述河道河段内新建排污口，应经过林芝市环保局审核同意。

（5）在河道河段内的取水许可按国家和省（自治区）有关规定执行。

（6）在河道河段内的工程岁修和水毁修复方案，由林芝市水利局审查同意。

（7）河道河段由林芝市水行政主管部门负责日常监管。

（8）上述涉水事宜由林芝市水利局受理、审批的，由当地区、县水行政主管部门初审转报林芝市水利局。

（9）上述涉水事宜涉及国家流域机构管理权限的，由林芝市水利局按有关规定办理。

（10）工程规模较小或其他符合权限下放的建设项目，由米林市水利局、环保局或其他主管部门代管。

米林市河流管理范围划定技术路线见图3-21。

米林市河湖管理范围划定项目验收见图3-22。

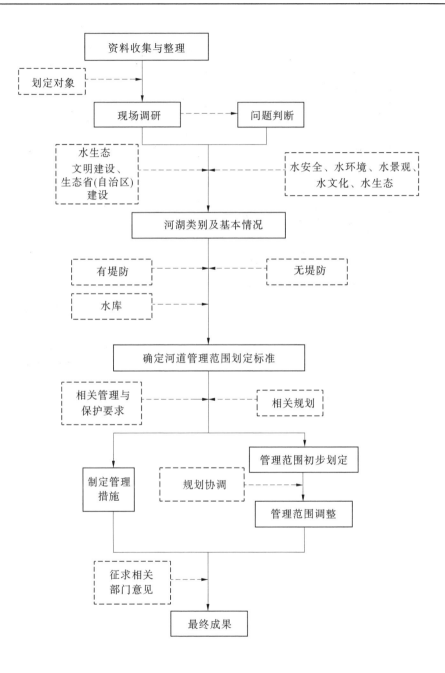

图 3-21 米林市河流管理范围划定技术路线

图 3-22　米林市河湖管理范围划定项目验收

7. 一河(湖)一档

"一河(湖)一档"是包含河(湖)自然特征、河(湖)长信息、河(湖)开发利用保护情况、涉水工程和设施等动态信息的基础档案,是实时掌握河(湖)状况最基础的资料。

"一河(湖)一档"的建立和更新是米林市落实河长制的重要工作,2018年4月水利部印发了《"一河(湖)一档"建立指南(试行)》,用以规范和指导河湖档案工作的开展。该指南提出"一河一档"建档对象以整条河流或河段为单元建立,河段的"一河一档"要与所在河流的"一河一档"衔接;"一湖一档"以整个湖泊为单元建立。

"一河一档"由省、市、县级河长制办公室负责组织建立。最高层级河长为省级领导的河流(段),由省级河长制办公室负责组织建立;最高层级河长为市级领导的河流(段),由市级河长制办公室负责组织建立;最高层级河长为县级及以下领导的河流(段),由县级河长制办公室负责组织建立。跨省级行政区域的湖泊,"一湖一档"由湖泊水域面积相对较大的省份牵头,商相关省份组织建立,流域管理机构要参与协调工作。

米林市"一河一档"由米林市河长办负责组织建立,米林市"一河一档"台账信息由河流基础信息、河长信息、水资源状况、水生态环境状况、河流开发利用情况、河流管理保护情况等信息构成,其中河流基础信息包括本级河流(段)名称、本级河流(段)编码、所在水系、河流(段)起讫位置、河流(段)长度、河流(段)支流数量、流经县乡村等内容;河长信息包括本河段、河流的各级河长姓名、职务、联系方式等。米林市"一河一档"建立以现有资料和技术成果为主,在建档过程中对数据进行一致性分析和必要的修正。

"一河(湖)一档"建立技术路线见图 3-23。"一河(湖)一档"建立主要内容见图 3-24。

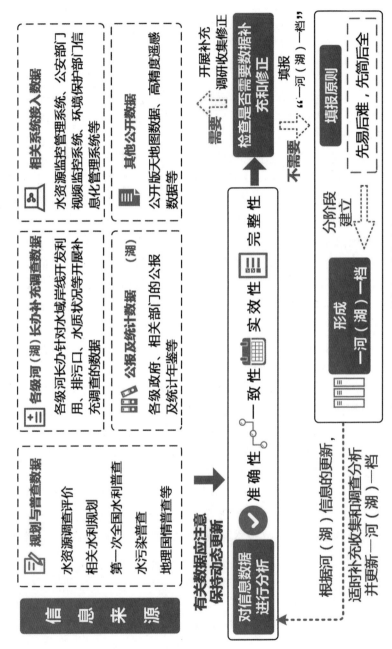

图 3-23 "一河（湖）一档"建立技术路线

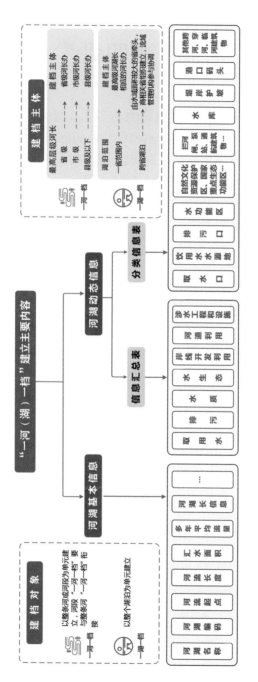

图 3-24 "一河(湖)一档"建立主要内容

8. 河湖"清四乱"

《水利部关于印发河湖管理监督检查办法(试行)的通知》(水河湖〔2019〕421号)提出河湖形象面貌及影响河湖功能的问题包括乱占、乱采、乱堆、乱建以及其他有关的涉河湖违法违规问题,具体如表3-4所示。

表3-4　涉河湖违法违规问题

类型	问题
"乱占"问题	围垦湖泊
	未经西藏自治区人民政府批准围垦河道
	非法侵占水域、滩地
	种植妨碍行洪的林木及高秆作物
"乱采"问题	未经许可或未按许可在河道管理范围内采砂
	未经本级水行政主管部门批准在河道管理范围内取土
"乱堆"问题	河道管理范围内乱扔、乱堆垃圾
	倾倒、填埋、储存、堆放固体废物
	弃置、堆放妨碍行洪的物体
"乱建"问题	水域岸线长期占而不用、多占少用、乱占滥用
	未经许可和未按许可要求建设涉河项目
	河道管理范围内非法修建阻碍行洪的建筑物、构筑物
其他有关问题	未经许可设置排污口
	向河湖超标或直接排放污水
	在河湖管理范围内清洗装储过油类或者有毒污染物的车辆、容器
	河湖水体出现黑臭现象
	其他影响防洪安全、河势稳定及水环境、水生态的问题

《西藏自治区河湖"清四乱"专项行动问题认定及清理整治标准的通知》(藏河办〔2018〕60号)对"四乱"问题清理的标准如下:

（1）清理整治"乱占"。

对于围湖造地、围湖造田，按照国家规定的防洪标准有计划地退地还湖、退田还湖，将违法建设的土堤、矮围等清除至原状高程，拆除地面建筑物、构筑物，取缔相关非法经济活动。

确需围垦河道的，应当进行科学论证，经西藏自治区水行政主管部门确认不妨碍行洪、输水后，报西藏自治区人民政府批准；对于非法围垦河道，所在地水行政主管部门要求相关部门限期拆除违法占用河道及其滩地建设的阻水道路、拦河坝等，恢复河道原状。

对于河湖管理范围内设置的拦河渔具、种植的妨碍行洪的林木及高秆作物，所在地水行政主管部门要求有关部门及时进行清除，恢复河道行洪能力。

对于河道管理范围内束窄河道、影响行洪安全和水生态、水环境的各类经济活动，所在地水行政主管部门要求有关部门进行清理整治并恢复河道原状（见图 3-25）。

（2）清理整治"乱采"。

按照《中华人民共和国水法》规定，制定采砂规划、划定禁采区、规定禁采期，并向社会公告。严禁超范围、超采量、超时间开采砂石。

严格落实采砂管理责任制，逐河段落实政府责任人、主管部门责任人和管理单位责任人。

加强对采砂业主和堆砂场的管理。对非法采砂业主，依法依规处罚，情节严重、触犯刑律的，坚决移交司法机关追究刑事责任；对非法堆砂场，按照岸线保护要求进行清理整治。

针对由西藏自治区人民政府批准同意用于重点项目建设需要在河道内采砂、取土的，由项目所在地水行政主管部门负责，指定开采区域范围，工程建成后项目业主要对河道进行平整。

（3）清理整治"乱堆"。

建立垃圾和固体废物堆放、倾倒、填埋点位清单，对照点位清单，逐个落实责任，限期完成清理，恢复河湖自然状态。

对于涉及危险、有害废物需要鉴别的，主动向当地政府、有关河长汇报，做到主动协调、确保安全、及时处理。米林市开展河道垃圾清理活动现场照片见图 3-26。

（4）清理整治"乱建"。

位于自然保护区、饮用水水源保护区、风景名胜区内的违法违规项目，严格按照有关法律法规要求进行清理整治。

(a)清除前

(b)清除后

图 3-25　清除影响河道行洪安全堆放的砂石实例

　　未经水行政主管部门或者流域管理机构审批和与批建不符的违法、违规涉河建设项目,对于其中符合岸线管控要求且不存在重大防洪影响的项目,由项目所在地人民政府提出清理整治要求;其他涉河项目由地方水行政主管部门督促项目业主组织提出论证报告,按涉河建设项目审批权限由有关水行政

图 3-26 米林市开展河道垃圾清理活动现场照片

主管部门或流域管理机构予以审查,提出是否影响防洪、是否符合岸线管控要求,明确是否拆除取缔或整改规范、是否需采取补救措施消除不利影响等。能立即整改的坚决整改到位,难以立即整改的需提出整改方案,明确责任人和整改时间,限期整改到位。

米林市深入推进"清四乱"工作常态化、规范化,对"清四乱"工作开展常态化部署,组织各乡镇河长办负责实施本行政区域的"清四乱"工作,以乡镇为单位全面查清河湖"四乱"问题,逐河建立问题清单,对违法违规问题做到及时发现、边查边改、及时清理整治。利用河湖管理范围划定、河湖岸线保护规划、河道采砂实施方案、智慧监管、河长制工作考核等成果或手段建立长效机制,同时广泛发动群众持续加大农村河湖"四乱"整治力度(见图 3-27),并逐步指导村庄完善村规民约,明确村民爱护河湖环境的责任和义务,保障群众身边的清水绿岸,不断提升米林市农牧民群众的获得感、幸福感、安全感。

图 3-27　米林市广泛发动农牧民群众开展农村河湖"四乱"清理工作

9. 河道采砂管理

河道采砂管理是河湖保护的重要内容,河道采砂是指在河道(包括湖泊、水库、人工水道等)管理范围内的采挖砂石、取土等活动。米林市是国家重要的生态安全屏障,独特的地理位置和气候特征导致生态环境脆弱,一旦破坏很难恢复。随着米林市经济社会的快速发展,建筑砂石的需求日益增加,河道采砂管理工作任务日益加重。米林市充分认识河道采砂管理工作的重要性、紧迫性、艰巨性、复杂性和长期性,按照"保护优先、科学规划、规范许可、有效监管、确保安全"的原则和要求,保证河道采砂有序可控,维护河湖健康生命。

河道采砂管理落实属地责任。米林市总河长对米林市河湖管理和保护负总责,负责牵头组织对非法采砂等突出问题依法进行清理整治,协调解决重大问题,米林市已初步建立了河长挂帅、水利部门牵头、相关部门协同、社会监督的采砂管理联动机制,形成河道采砂监管合力。

河道采砂实行许可制度。未经许可,禁止从事河道采砂活动。申请从事河道采砂,申请人应当向采砂所在地县级以上人民政府水行政主管部门提出申请,并按要求提交材料。河道采砂许可原则采用招标等方式,河道采砂许可证按照《全国一体化在线政务服务平台电子证照河道采砂许可证》(C0290—2022)和电子证照有关要求执行,载明基础信息、采砂人信息、许可概况、采砂机具信息等,河道采砂许可证的有效期不超过1年。

为持续加强米林市河道采砂管理规范化、制度化,保障河道行洪和水生态安全,米林市河长办根据《林芝市米林县雅鲁藏布江河道采砂规划(2020—2025)》编制米林市年度雅鲁藏布江河道采砂实施方案,并在米林市政府网站公示,公示内容包括各可采区的具体位置、坐标、面积、开采高程、砂石资源储量、年度计划采砂量、开采方式、禁采期、可采期,其中禁采期为每年的汛期,即6月1日至9月30日,在城镇或居民集中地附近,夜间22时至凌晨6时禁止从事采砂活动,防止噪声污染,在水行政主管部门制定的禁采期内严禁任何单位进行采砂、洗砂及取料活动,禁采期外的时段皆为可采期。

米林市河道采砂的控制条件如下:

(1)凡是开采中或开采后会影响人民群众生产、生活的河段禁止开采。

(2)影响河道行洪,危及河堤、护岸安全,有可能破坏农田、房屋的河段严禁开采。

(3)对河道的水工建筑物、铁路、公路、桥梁等建筑物有可能造成影响的河段严禁开采。

米林市采砂规划区主要位于雅鲁藏布江河道管理范围内,以高台洗砂(旱采)方式为主。随着米林市 BJ 地区基础设施建设的稳步推进和重大项目的推进,米林市砂石需求量将逐渐增大,河道采砂管理将面临严峻挑战,近年来环保督察和河长制工作都将规范河道采砂纳入重要监管内容。为进一步加强河道采砂管理,维护河道采砂管理秩序,根据《中华人民共和国水法》《中华人民共和国河道管理条例》,参照《林芝市市区周边河道采砂管理暂行办法》,市政府 2022 年组织制定了《米林县河道采砂管理办法》(米河办〔2022〕11号),按照该办法,后期砂石厂依托米林市城市投资建设有限公司(简称城投公司)统一管理,实现标准化生产和统一生产销售,有利于安全生产、环境保护、合理采挖和市场稳定。按照"产权明晰、权责明确、政企分开、自主经营、自负盈亏"的原则,由米林市市政府委托城投公司对辖区内河道砂石资源实行统一经营管理;市水利局每年向国有砂石公司审批发放采砂许可证;城投公司整合全市砂石厂,以务工务劳的形式,组织全市群众和车辆参与砂石采挖和加工,城投公司派人到现场监管,米林市委、市政府对城投公司运营情况进行监管,相关部门按各自职责进行行业监管。该文件提出河道采砂采用"六统一联一单"管理模式,即"统一规划、统一发证、统一开采、统一销售、统一利益分配、统一管理,联合执法,制定砂石采运四联单"。筹划成立河道采砂管理领导小组,明确各部门分工,进一步强化采砂点规划编制、砂石厂加工管理、重大项目采砂审批管理、河道采砂联合执法和非法采砂处罚工作内容,为米林市河道采砂监督管理提供制度化保障。

米林市河长办开展河道采砂联合检查现场照片见图 3-28。

米林市河道采砂许可证见图 3-29。《米林县 2023 年度雅鲁藏布江河道采砂实施方案》公告见图 3-30。

图 3-28　米林市河长办开展河道采砂联合检查现场照片

编号：D 5404222023-0007

中华人民共和国

河 道 采 砂 许 可 证

采砂权人名称：	单位法人代表：
采砂权人地址：米林县	开采河流：雅鲁藏布江
采砂区名称：丹娘乡丹娘村	作业方式：旱采
采区所在地（乡(镇)村）：米林县丹娘乡丹娘村	年度采砂实际控制总量：2.0万吨
禁采期：5月1号—9月30号	

有效期限：自2023年4月21日至2024年4月20日

发证机关：（公章）

发证日期：2023年4月21日

中华人民共和国水利部监制

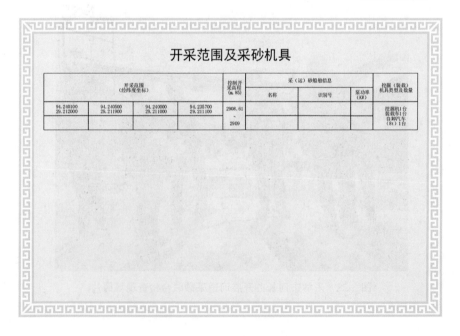

开采范围及采砂机具

开采范围（经纬度坐标）				控制开采高程（m.85）	采（运）砂船船信息			控围（装载）机具类型及数量
					名称	识别号	泵功率（KW）	
94.240100 29.212000	94.240500 29.211900	94.240000 29.211000	94.235700 29.211100	2908.61 ～ 2909				挖掘机1台 装载车1台 自卸汽车（8t）1台

图 3-29　米林市河道采砂许可证

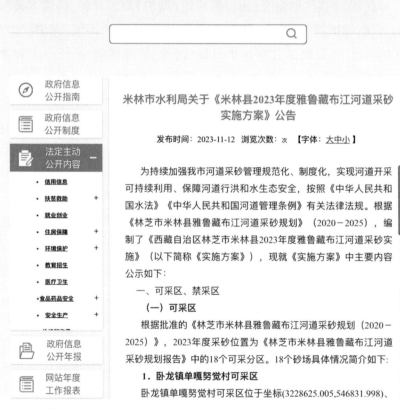

图 3-30 《米林县 2023 年度雅鲁藏布江河道采砂实施方案》公告

10. 一河（湖）一策

《关于全面推行河长制的意见》中要求："立足不同地区、不同河湖实际，统筹上下游、左右岸，实行一河一策、一湖一策，解决好河湖管理保护的突出问题。"为指导各地做好"一河（湖）一策"方案编制工作，水利部制定并印发了《"一河（湖）一策"方案编制指南（试行）》（办建管函〔2017〕1071 号）。

"一河（湖）一策"的定义：为加强河道（湖泊）管理保护，持续改善河道（湖泊）环境，维护河流（湖泊）健康，防御水旱灾害，针对河流（湖泊）管理保护存在的问题，所提出的管理保护目标、任务、治理措施、责任分工和实施计划。

"一河（湖）一策"方案涵盖河（湖）基本情况和现状河（湖）保护管理存在的问题、保护管理目标任务、河（湖）所在流域具体保护管理目标的落实情况、治理管理保护措施与计划方案等方面。根据《"一河（湖）一策"方案编制指南（试行）》（办建管函〔2017〕1071 号），方案编制重点工作是制定好问题清单、目标清单、任务清单、措施清单和责任清单，明确时间表和路线图。

（1）问题清单。针对水资源、水域岸线、水污染、水环境、水生态、执法监管等领域，梳理河（湖）管理保护存在的突出问题及其原因，提出问题清单。

（2）目标清单。根据问题清单，结合河（湖）基本特征和功能定位，合理确定实施周期内可预期、可实现的管理保护目标。

（3）任务清单。根据目标清单的管理保护目标，因地制宜提出河（湖）管理保护的具体任务。

（4）措施清单。根据目标清单和任务清单，分阶段细化实施计划和时间节点，提出具有针对性、实施性的河（湖）管理保护措施。

（5）责任清单。明晰各目标、任务的责任单位和责任人。

"一河(湖)一策"方案由各级河长制办公室负责组织编制。最高级河长为省级领导的河(湖),由省级河长制办公室负责组织编制;最高级河长为市级领导的河湖,由市级河长制办公室负责组织编制;最高级河长为县级及以下领导的河湖,由县级河长制办公室负责组织编制。其中,河长最高层级为乡级的河湖,可根据实际情况采取打捆、片区组合等方式编制。

"一河(湖)一策"方案由河长制办公室报同级河长审定后实施。省级河长制办公室组织编制的"一河(湖)一策"方案应征求流域机构意见。对于市、县级河长制办公室组织编制的"一河(湖)一策"方案,若河(湖)涉及其他行政区,应先报共同的上一级河长制办公室审核,统筹协调上下游、左右岸、干支流的目标任务。

"一河一策"方案以整条河流或河段为单元编制,"一湖一策"原则上以整个湖泊为单元编制。支流"一河一策"方案要与干流方案衔接,河段"一河一策"方案要与整条河流方案衔接,入湖河流"一河一策"方案要与湖泊方案衔接。

"一河(湖)一策"方案实施周期原则上为 2~3 年。河长最高层级为省、市级的河湖,方案实施周期一般为 3 年;河长最高层级为县、乡级的河湖,方案实施周期一般为 2 年。

"一河(湖)一策"方案编制的技术路线见图 3-31。在"一河(湖)一策"方案编制以及执行的过程中,重点要注意的方面包括:①对方案编制对象的河(湖)现状问题应充分调研并收集有关资料,分析找准问题产生的原因,以问题为导向,结合已有的规划成果、保护措施、河(湖)长制工作开展安排等要求,深入分析后提出强化河(湖)管理保护水平、措施具体、针对性强、操作性强的目标靶向;②方案编制与实施过程中,应将责任分解落实落细,做好各行政区域之间、各部门之间的协同,做好河流上下游、左右岸保护工作的衔接与协调。

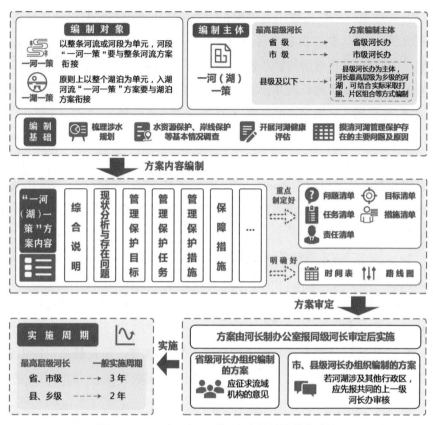

图 3-31　"一河(湖)一策"方案编制的技术路线

11. "河湖长+检察长+警长" 联动工作协作机制

2021年西藏自治区总河长办公室、自治区人民检察院、自治区公安厅联合制定并印发了《关于建立"河湖长+检察长+警长"协作机制的意见》(藏河办〔2021〕17号)。该意见提出了协作机制建立的目标任务为"河长制办公室、检察机关、公安机关要运用法治思维和法治方法解决好河湖长制工作相关问题,保持检察监督、公安执法与行政履职目的的一致性,形成公正司法与严格执法良性互动,共同促进河湖损害问题及时得到有效解决。全面加强协作配合,依法履行各自职能,强化协作联动,凝聚打击合力,提高执法效能,不断提升河湖管理保护水平,协同推进水资源保护、河湖水域岸线管理保护、水污染防治、水环境治理、水生态修复、执法监管和打击犯罪、公益诉讼等工作,持续改善河湖面貌,维护河湖生命,保障河湖长制各项任务的落实"。

该意见对河长制办公室、检察机关、公安机关的责任分工进行了明确,在工作机制方面提出了建立联席会议机制、线索移送机制、信息共享机制、沟通协调机制、联合行动机制、生态修复评估机制六大机制。

2022年11月,西藏自治区人大常委会通过《西藏自治区人民代表大会常务委员会关于加强新时代检察公益诉讼工作的决定》,为自治区公益诉讼检察工作向纵深发展提供了更加有力的制度保障。

米林市扎实推动"河湖长+检察长+警长"协作机制向纵深发展,通过召开联席会议,审议部署工作安排,研究问题解决方案和措施。河长办会同检察院、公安局开展多次联合护河行动,在清理"四乱"问题工作中起到了很好的效果。通过持续强化发挥协作机制,不断创新米林市河湖治理新理念,形成强大合力,以"检察蓝"+"警务蓝"守护米林的"生态绿",切实守好一河碧水,全力打造山清水秀的生态环境。

开展"河湖长+检察长+警长"联合检查见图3-32。

图 3-32　开展"河湖长+检察长+警长"联合检查

续图 3-32

12. "河长+林长"协作机制

在全面推行河长制、林长制工作中,米林市不断总结经验,积极探索推动建立"河长+林长"协作机制,"河长+林长"协作机制是米林市河长办、林长办结合米林实际情况,助力推动国家生态文明高地创建,纵深推进河长制和林长制工作的探索。米林市持续大力落实"河长+林长"协同共治机制,整合各方力量和资源,充分发挥河长制、林长制优势,强化协同配合、压实治理责任、形成工作合力。"河长+林长"协作机制在米林市"山水林田湖草沙冰"一体化保护和系统治理、项目建设管理、河道采砂管理等方面的实际工作中取得了显著效果。

2022 年 11 月,由米林县级河湖长、林长组织河长办、林长办工作人员共16 人,徒步前往海拔 4 000 m 的措木纠(萨贡玉措)开展巡湖巡林,重点查看是否存在乱砍滥伐、野外违规用火、水体污染等破坏资源安全等现象(见图 3-33、图 3-34)。此次"双长制"巡查是米林市河湖长、林长开展协作配合、协同治理的有力探索,为米林市推广"双长制"奠定了基础。此次"河长+林长"联合巡查活动在水利部河湖中心网站报导并在《林芝党政要情》发布。

图 3-33　河湖林长共巡萨贡玉措冰湖

续图 3-33

图 3-34 萨贡玉措冰湖

2023年10月,米林市河长办、林长办联合开展"管林护河送法"活动。米林市河长办、林长办工作人员先后深入水系连通及水美乡村等重点在建项目现场,查看河湖保护、林地保护等情况。在现场,工作人员向施工人员发放宣传单,宣讲河湖保护、森林防火、民工工资保障等法律法规知识;并要求施工单位严格落实河湖长及林长制工作要求,在施工时以保护环境为重点,牢固树立生态安全的发展理念,做到文明施工,施工垃圾及生活垃圾不随意丢弃至河道,保护河道水源,坚决守护好米林的青山绿水。项目施工人员表示活动非常有意义,让大家深刻地认识到保护环境的重要性,并对保护自己的合法权益有了更加清晰的认识。

米林市将持续把信息共享、线索互移、协作调查、技术支持等协作机制的各项措施落到实处,持续放大"河长+林长"协同共治的叠加效应。积极开展联合管护、联合巡查、联合执法,从"河长+林长"努力迈向"双长联动制",进一步健全生态环境保护体系。

米林市河长办、林长办联合开展"管林护河送法"活动见图3-35。

图3-35　米林市河长办、林长办联合开展"管林护河送法"活动

续图 3-35

13. 河湖健康评价

河湖健康评价是河湖管理的重要内容,通过开展河流现状调查,综合评价河湖健康状态,识别河流生态环境问题,分析河流不健康的成因,为河流管理保护制定科学合理的目标和措施提供依据和支撑,为相关主管部门履行河流管理保护职责提供参考,指导河长制工作的深入落实。河湖健康评价是掌握河湖健康状态、分析河湖问题的重要手段,是编制"一河(湖)一策"、实施河湖系统治理的重要依据,是河湖长组织领导河湖管理保护工作、检验河湖管理保护工作成效的重要参考。

水利部先后印发了《河湖健康评价指南(试行)》(简称《指南》)和《水利部办公厅关于开展河湖健康评价 建立河湖健康档案工作的通知》(办河湖〔2022〕324 号),以指导和推动河湖健康评价工作。《指南》结合我国国情、水情和河湖管理实际,基于河湖健康概念从生态系统结构完整性、生态系统抗扰动弹性、社会服务功能可持续性 3 个方面建立河湖健康评价指标体系与评价方法,从"盆"、"水"、生物、社会服务功能等 4 个准则层对河湖的健康状态进行评价,有助于快速辨识问题、及时分析原因,帮助公众了解河湖的真实健康状况,为各级河长、湖长及相关主管部门履行河湖管理保护职责提供参考。

苏州市地方标准《河湖健康评价规范》(DB 3205/T 1016—2021)对"河湖健康"和"河湖健康评价"定义分别为"河湖健康是指河湖自然生态系统状况良好,对一定的自然和人类活动干扰具有自我恢复能力,能维持系统各组成之间的动态平衡,并能持续为人类社会提供合理服务的状态""河湖健康评价是对河湖自然生态系统的稳定性和完整性、河湖社会服务功能状况的评价,同时对外界人类胁迫等因素与程度进行识别,并对河湖管理行动水平对河湖自然生态系统健康的影响程度开展评价"。

《水利部办公厅关于印发 2022 年河湖管理工作要点的通知》(办河湖〔2022〕45 号)提出"各省级河长办要组织开展河湖健康评价,积极推进河湖健康档案建设"的要求。开展河湖健康评价对提升公众对河湖健康认知水平,推动米林市进一步深化落实河长制,强化河湖管理保护,维护河湖健康生命具有重要意义。按照《林芝市河长制办公室关于加快推进河湖长制相关工作的通知》(林河办〔2021〕11号)的要求,米林市加快推进健康评价工作,于2022年组织开展了巴嘎浦曲、邦仲浦曲等7条县级河流的健康评价工作,2023年组织开展了罗补绒曲、乃巴曲等10条县级河流的健康评价工作,17条河流的健康评价成果均已验收。

米林市河湖健康评价主要工作内容如下:

(1)工作准备。

确定评价对象和范围,根据评价对象的河流类型、功能及管理范围划定情况,选取合适的评价方法;开展基础资料收集整理,确定评价指标体系。根据河流的特性,合理进行评价河段划分;开展前期现场调研工作,核定评价工作的河流范围、河段的划分,并开展环境监测;提出评价指标专项调查监测方案与评定方法,形成河流健康评价工作方案。

(2)调查监测。

根据评价指标、专项调查监测方案与评定方法,从"盆"、"水"、生物、社会服务功能4个准则层组织开展河湖的评价指标调查与专项监测工作,包括岸线调查、水文调查、水质监测、生物多样性调查。

(3)数据整编及成果编制。

系统整理调查与监测数据,从指标赋值、准则层赋分、河湖综合赋分、河湖综合评价与健康分析等方面逐步开展河湖健康状况评价工作。最后根据评价结果,从河湖基本情况、评价方案、调查监测过程、评价结果、健康问题分析及保护对策等方面整理编制河湖健康评价报告或编写健康评价概况表、河湖属性表。

米林市河湖健康评价工作流程见图3-36。米林市河湖健康评价结果公示见图3-37。

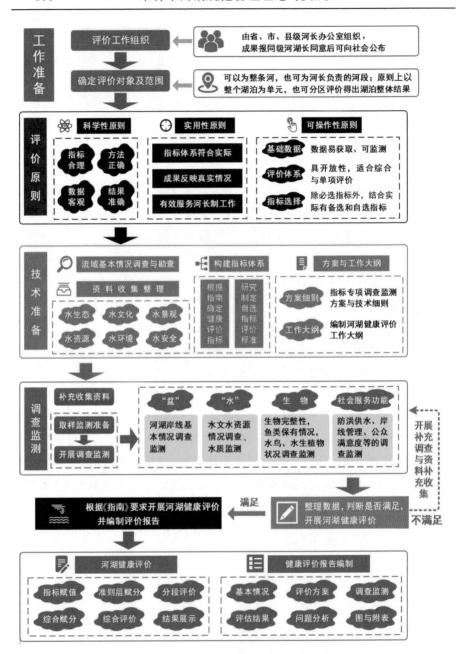

图 3-36　米林市河湖健康评价工作流程

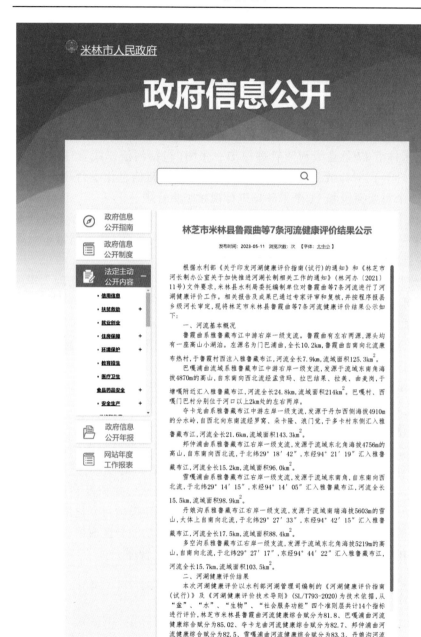

图 3-37　米林市河流健康评价结果公示

14. 河长制信息化平台建设

米林市河长制信息化平台建设包括米林市涉河项目审批数据管理平台建设,绘制米林市17条县级河流管理保护一张图(包括河流岸线管理保护、河道采砂管理等),罗补绒曲、巴嘎浦曲、鲁霞曲3条河流信息化平台建设,并对米林市3个重要河段和11个采砂场进行视频监测管理。

米林市河长制信息管理系统包括6个模块,分别是米林市17条县级河流管理保护一张图、视频监控、数据管理、河道采砂许可管理、涉河项目审批管理、系统管理。

视频监控包括实时监控和视频监控两个子菜单。实时监控即访问大华视频平台,具备视频查看和视频回放功能。视频监控子菜单对视频进行了开发集成,无须登录大视频华平台就可以直接访问查看视频监控。

在基础信息模块可以对河流信息管理、河长信息管理、灌区信息管理、水功能保护区管理进行增、删、改、查等操作。

划界成果模块可以对界桩管理、公告牌管理、保护范围管理、管理范围信息进行增、删、改、查等操作。

米林市河长制信息化平台录像回放见图3-38。

米林市严格按照《水利部办公厅关于进一步加强河湖管理范围内建设项目管理的通知》(办河湖〔2020〕177号)等对信息化管理的要求,开展全市范围内的涉河建设项目排查,逐步完善涉河建设项目台账,并积极利用视频监控、无人机等技术手段,动态采集河湖水域岸线、涉河建设项目变化情况,实行动态跟踪管理。逐步将河湖保护范围、已开展的岸线功能分区成果、涉河建设项目信息纳入"一张图",不断推进米林市河湖信息化管理。

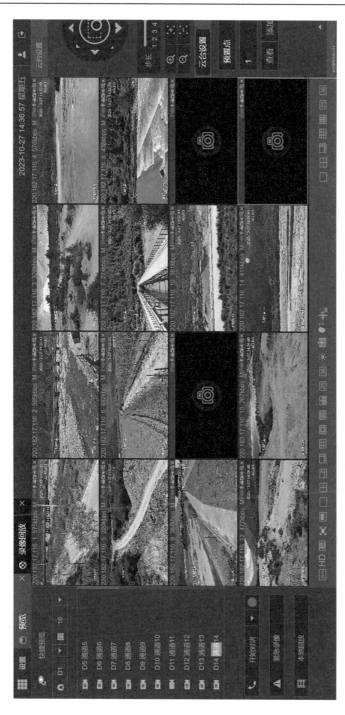

图 3-38 米林市河长制信息化平台录像回放

15. 河长制积分超市创建

　　为推进河长制工作有序开展,有效激发全市爱河护河责任和热情,米林市河长办联合米林市妇联和乡镇共同打造了"积分制强化河湖保护"模式,在扎西绕登乡彩门村、多卡村,米林镇东措社区、羌纳乡岗嘎村结合巾帼家美积分超市创建河长制积分超市(见图3-39~图3-43)。

图 3-39　彩门村积分超市挂牌

图 3-40　东措社区积分超市挂牌

图 3-41 水利部领导调研河长制积分超市

图 3-42 农牧民群众凭积分兑换超市物品

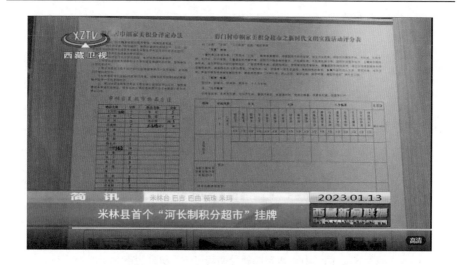

图 3-43　西藏卫视报道扎西绕登乡彩门村"河长制积分超市"挂牌

　　米林市河长办将农牧民群众生活中有需求、实用性强的各类河长制宣传物品(藏式门帘、民俗特色钥匙扣、围裙、雨靴、雨伞、雨衣、保温杯、背包、手提灯、文具等)融入巾帼家美积分超市,按照米林市河长办制定的《米林市"河湖长制积分超市"积分细则》对各类保护河湖活动打分,积分管理以村委会为主要负责人,每次积分评定和物品兑换情况及时公示接受监督。

　　河长制超市积分兑换机制有效调动了村民爱河护河的积极性,对激励大家踊跃参与创建美好家园与保护河湖发挥了显著的作用。积分超市物品由米林市妇联和米林市河长办共同提供,农牧民群众可通过巡查河道等多种方式获取积分,并根据积分兑换相应物品。河长制积分兑换机制,不仅能让大家共同享受物品兑换福利,更让大家在积攒分数的同时,主动参与到保护河湖环境中来,进一步推动形成米林市河湖治理保护共建共治共享新局面。

　　目前,米林市河长制积分超市运行效果良好,市河长制办公室不断总结经验,持续优化积分评估与激励机制,在全市范围内不断推广积分超市模式经验。

　　米林市"河湖长制积分超市"积分细则见图 3-44。

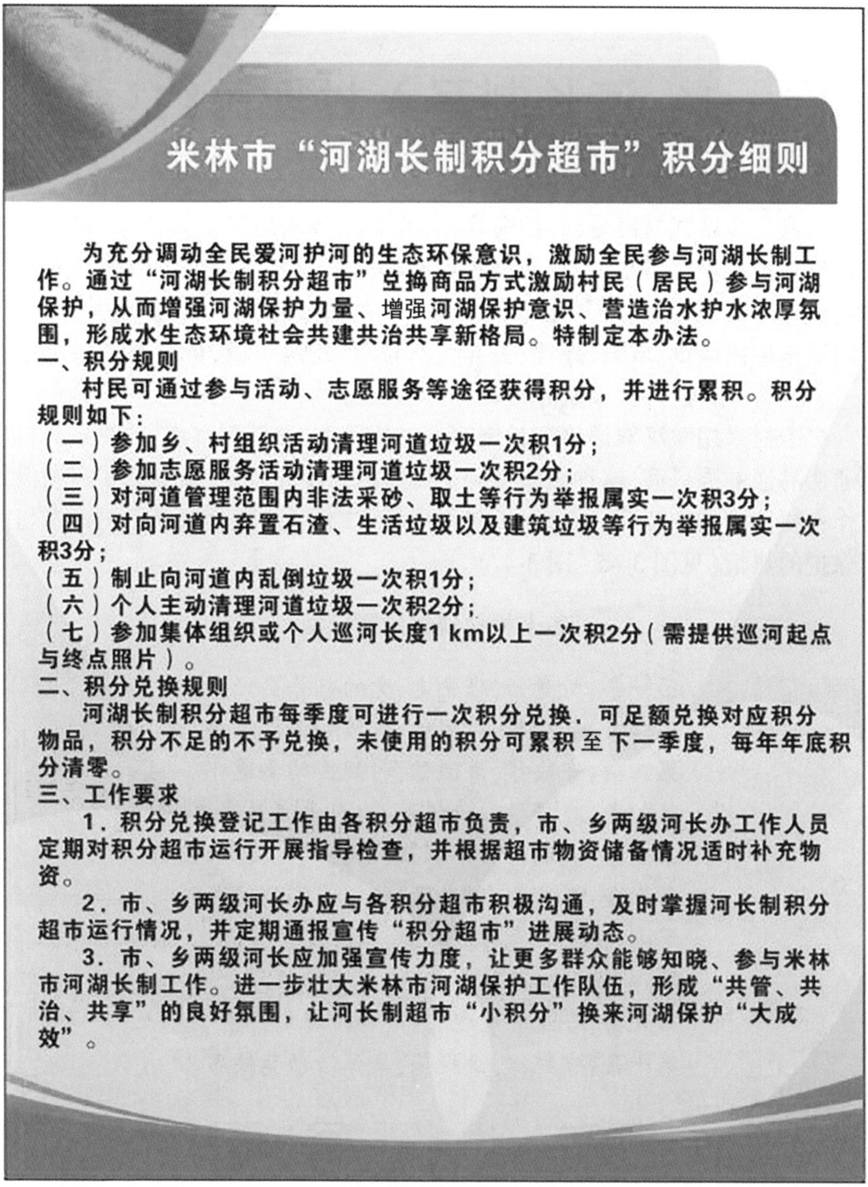

米林市"河湖长制积分超市"积分细则

为充分调动全民爱河护河的生态环保意识，激励全民参与河湖长制工作。通过"河湖长制积分超市"兑换商品方式激励村民（居民）参与河湖保护，从而增强河湖保护力量、增强河湖保护意识、营造治水护水浓厚氛围，形成水生态环境社会共建共治共享新格局。特制定本办法。

一、积分规则

村民可通过参与活动、志愿服务等途径获得积分，并进行累积。积分规则如下：

（一）参加乡、村组织活动清理河道垃圾一次积1分；

（二）参加志愿服务活动清理河道垃圾一次积2分；

（三）对河道管理范围内非法采砂、取土等行为举报属实一次积3分；

（四）对向河道内弃置石渣、生活垃圾以及建筑垃圾等行为举报属实一次积3分；

（五）制止向河道内乱倒垃圾一次积1分；

（六）个人主动清理河道垃圾一次积2分；

（七）参加集体组织或个人巡河长度1 km以上一次积2分（需提供巡河起点与终点照片）。

二、积分兑换规则

河湖长制积分超市每季度可进行一次积分兑换。可足额兑换对应积分物品，积分不足的不予兑换，未使用的积分可累积至下一季度，每年年底积分清零。

三、工作要求

1．积分兑换登记工作由各积分超市负责，市、乡两级河长办工作人员定期对积分超市运行开展指导检查，并根据超市物资储备情况适时补充物资。

2．市、乡两级河长办应与各积分超市积极沟通，及时掌握河长制积分超市运行情况，并定期通报宣传"积分超市"进展动态。

3．市、乡两级河长应加强宣传力度，让更多群众能够知晓、参与米林市河湖长制工作。进一步壮大米林市河湖保护工作队伍，形成"共管、共治、共享"的良好氛围，让河长制超市"小积分"换来河湖保护"大成效"。

图 3-44　米林市"河湖长制积分超市"积分细则

16. 河长制写入村规民约

为进一步增强村民爱河、护河意识,充分发挥基层民众的治理力量,在米林市河长办的积极推动下,扎西绕登乡多卡村率先将河湖保护内容纳入村规民约,《多卡村村规民约》第七条提出"节约用水,共同参与水源地保护,严禁在河道水域内倾倒、堆放、掩埋、丢弃生活垃圾、建筑垃圾、畜禽类粪便及排放生产、生活污水等行为,以实际行动保护母亲河"。

多卡村采用藏汉双语将河长制写入村规民约,并开展宣讲,同时将其整理成通俗易懂的顺口溜,这种做法得到了村民的高度支持,有效提高了河湖保护工作在村民中的知晓度,结合河长制积分超市的运行,充分调动了村民参与河湖保护的热情(见图 3-45~图 3-47)。

多卡村村规民约顺口溜

第一条:听党话,跟党走,党的领导要记牢。

第二条:反分裂,促团结,民族和谐最重要。

第三条:守法律,讲诚信,村规民约要遵守。

第四条:践行核心价值观,为人要诚心诚意。

第五条:民族团结一家亲,不良风气要抵制。

第六条:不迷信,树新风,陈规旧俗要摒弃。

第七条:爱护森林和水源,保护环境靠大家。

第八条:防火防盗防交通,危险物品严管理。

第九条:合法合规经营行,物价稳定民生宁。

第十条:守纪律,讲规范,集体活动莫缺席。

图 3-45 多卡村河长制积分超市挂牌

图 3-46 多卡村河长制积分超市

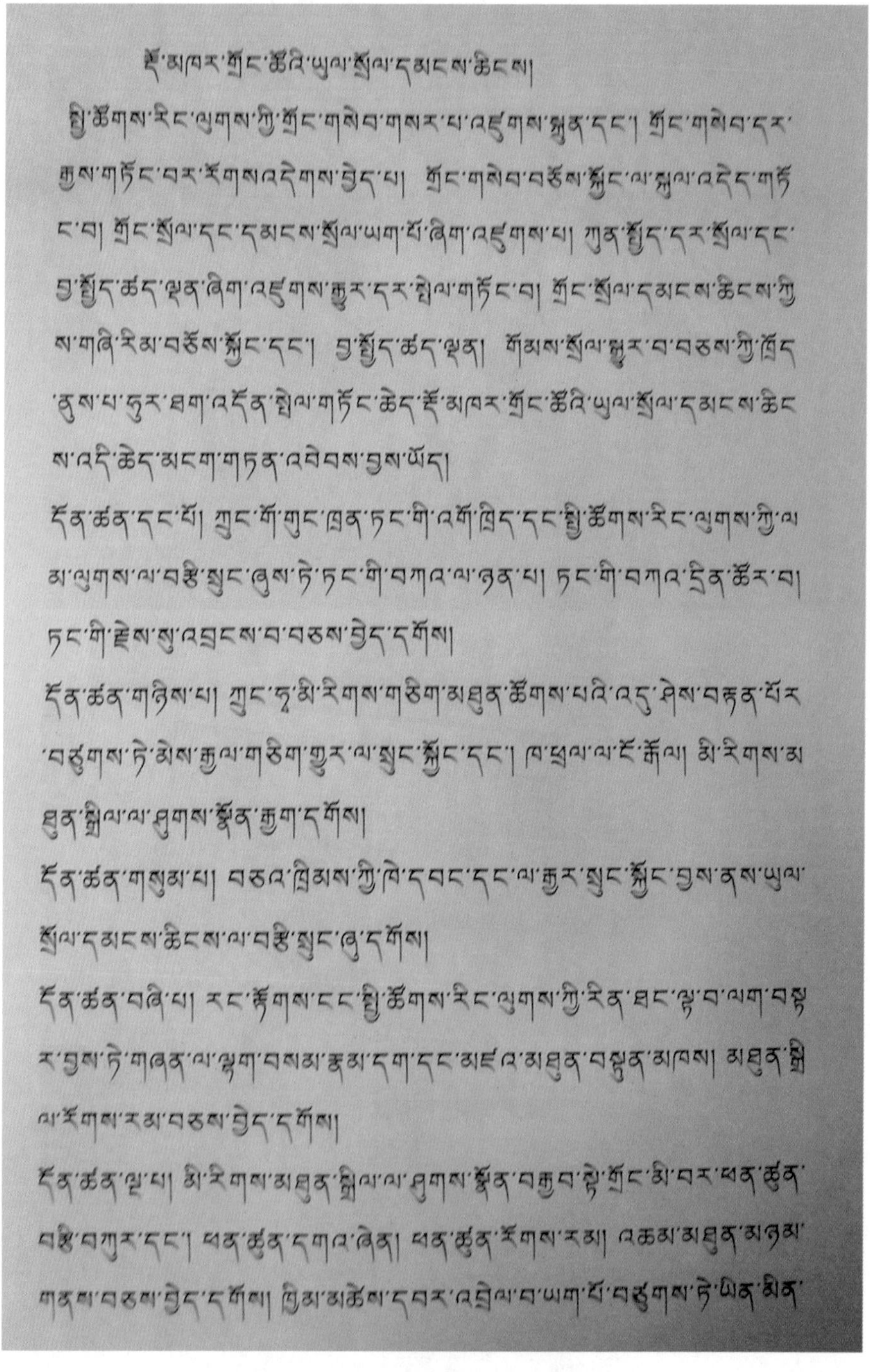

རྡོ་ཕབར་སྐྱོང་ཚོའི་ཡུལ་སྐྱོལ་དམངས་ཆིངས།

སྤྱི་ཚོགས་རིང་ལུགས་ཀྱི་གྲོང་གསེབ་གསར་པ་འཛུགས་སྐྲུན་དང་། གྲོང་གསེབ་དར་རྒྱས་གཏོང་བར་རིགས་འདེགས་བྱེད་པ། གྲོང་གསེབ་བཅའ་སྲོད་ལ་སྐུལ་འདེད་གཏོང་བ། གྲོང་སྐྱོལ་དང་དམངས་སྐྱོལ་ཡག་པོ་ཞིག་འཛུགས་པ། ཀུན་སྐྱོལ་དར་སྤེལ་དང་། བྱ་སྐྱོད་ཚད་ལྡན་ཞིག་འཛུགས་རྒྱར་དར་སྤེལ་གཏོང་བ། གྲོང་སྐྱོལ་དང་དམངས་ཚིགས་ཀྱི་ས་གཞི་རིས་བཅོས་སྐྱོང་དང་། བྱ་སྐྱོད་ཚད་ཕུན། གོ་མས་སྐྱོལ་སྐུར་བ་བཅས་ཀྱི་ཚུལ་ཉེས་པ་ཕྱིར་ཐག་འདོན་སྤེལ་གཏོང་ཆེད་རྡོ་ཕབར་སྐྱོང་ཚོའི་ཡུལ་སྐྱོལ་དམངས་ཆིངས་འདི་ཆེད་མངག་གཏན་འབེབས་བྱས་ཡོད།

དོན་ཚན་དང་པོ། ཀྱུང་གོ་གུང་ཁྲན་ཏང་གི་འགོ་ཁྲིད་དང་སྤྱི་ཚོགས་རིང་ལུགས་ཀྱི་ལམ་ལུགས་ལ་བརྩི་སྲུང་ཞུས་ཏེ་དང་གི་བཀའ་ལ་ཉན་པ། ཏང་གི་བཀའ་ཀྲི་ཚོར་བ། ཏང་གི་རྗེས་སུ་འབྲངས་བ་བཅས་བྱེད་དགོས།

དོན་ཚན་གཉིས་པ། ཀྱུང་དུ་མི་རིགས་གཅིག་མཚུན་ཚོགས་པའི་འདུ་ཤེས་བཏུན་པོ་བཅུགས་ཏེ་མེས་རྒྱལ་གཅིག་གྱུར་ལ་སྲུང་སྐྱོང་དང་། ཁ་བྲལ་ལ་རྫ་རྒོལ། མི་རིགས་མ་ཐུན་སྐྱིལ་ལ་ཕུགས་རྩེན་ཀྱུག་དགོས།

དོན་ཚན་གསུམ་པ། བཅའ་ཁྲིམས་ཀྱི་ཁེ་དབང་དང་ལ་རྒྱར་སྲུང་སྐྱོང་བྱས་ནས་ཡུལ་སྐྱོལ་དམངས་ཚིངས་ལ་བརྩི་སྲུང་ཞུ་དགོས།

དོན་ཚན་བཞི་པ། རང་རྒོགས་དང་ལ་སྤྱི་ཚོགས་རིང་ལུགས་ཀྱི་རིན་ཐང་ལྟ་བ་ལ་བསྒྲགས་ཏེ་གཞན་ལ་སྐུལ་བསམ་རྒམ་དགར་དང་མཛའ་མཐུན་བསྐྱེན་ཀློག། མཐུན་སྒྲིག་ལ་རིགས་རམ་བཅས་བྱེད་དགོས། ཕྱི་ཚན་ལྔ་པ། མི་རིགས་མཐུན་སྐྱིལ་ལ་ཕུགས་སྟེན་བསྐྲུབ་ཏེ་གྲོང་མི་བར་ཕན་ཚུན་བརྩི་བཀུར་དང་། ཕན་ཚན་དགའ་ཞེན། ཕན་ཚུན་རིགས་རམ། འཆམ་མཐུན་མ་ཉམ་གནས་བཅས་བྱེད་དགོས། ཕྱི་མ་མཆོག་དབར་འབྲེལ་བ་ཡག་པོ་བཅུགས་ཏེ་ཡིན་མིན

图 3-47　《多卡村村规民约》藏语版

ཕྱིན་ཅི་སློག་མི་ཚིག སྐད་ཆ་ཆུབ་པོ་དང་སྐད་ཆ་བཅོས་པ་ཟོན་མི་ཚིག ཚིག་གཉིས་ཀྱིས་
མི་ལ་གནོད་སེམས་བྱེད་མི་ཚིག རྒྱག་རེས་རྒྱག་པ་དང་བརྐུས་ཆོ་ཟིང་སློང་བྱེད་མི་ཚི
ག ཁྲིམ་མཆེས་དབར་གྱི་འགལ་ལྟ་དེ་མཐུན་སྒྲིལ་མཛད་ང་མཐུན་གྱི་ཙ་དོན་ཐག་འད
མཉམ་གྲོས་ཕོ་ལུས་ནས་ཐག་གཅོད་བྱེད་དགོས། གྲོས་སློ་ལུང་མེད་ཆེ་ཚོང་ཚི
འདུམ་འགྲིག་ཀླུ་སྟུན་གྱིས་འདུམ་འགྲིག་བྱེད་དགོས་པའི་རེ་ཞུ་བྱེད་ཚིག་ལ་ཁྲིམས་ཞུ
ར་མི་དམངས་ཁྲིམས་ཁང་ལ་ཞུ་གཏུག་ཡང་བྱེད་ཚིག ཁྲིམས་ལྟར་ཞེ་དབང་སྟང་སྒྲི
ང་གི་འདུ་ཤེས་བཅུགས་དགོས་པ་ལས་འཆོན་ལན་སྒྲིག་པ་དང་ཆུབ་ལན་ཆུབ་འཛ
བྱེད་མི་ཚིག གྲོང་མི་ཡོངས་ཀྱི་རང་འགུལ་དང་འཆལ་རྒྱུན་དུ་གསུམ་གཉམ་འགོ
བྱས་ཏེ་ནག་ཉན་སྟོབས་ཤུགས་ཀྱི་ཉེས་གསོག་བྱ་སྒྱོད་མཐའ་དག་ལ་ཟེར་འཛིན་བྱེད
ཕོད་པ་དགོས།

དོན་ཚན་དྲུག་པ། སྒྲི་ཚོགས་རིང་ལུགས་ཀྱི་བསམ་པའི་དཔལ་ཡོན་དང་ཐུན
སྟེ་གོམས་སྲོལ་སྐུར་བ་དང་། ལུགས་ཆེད་སྲོལ་ཆེད་ལ་ཆོལ་བྱེད་པ། དཔེར་ན་ཉེ
འབྲེལ་གསར་གཉེན་དང་དུ་འཇུག་སྟབས་བསྟུས་བྱེད་པ། བགས་བཀོད་རྒྱུ་འཛ
ན་གྱི་སྟོངས་དད་དང་དེ་བཞིན་ཆོལ་མིན་གྱི་བྱ་སྒྱོད་ལ་ཚ་ཆོལ་བྱ་ནས་དམངས་སྲ
ལ་དང་། སྒྲང་སྲོལ། ཁྲིམ་སྲོལ་བཅས་འཇུགས་དགོས། དག་ཡོན་གྱིས་ཚོས་ལུགས་ལ
དང་ཐོས་མི་བྱེད་པའི་སྒྲིབ་གསོ་རྒྱུན་འཁྱོང་བྱས་ནས་ཚས་ལུགས་ལ་དང་ཐོས་མི་བྱེ
ད་པའི་ཁས་ཤེན་ཡི་གེ་དང་། མཆོད་ཁང་བཟོ་མི་ཚིག་ལ་དང་སྐུ་འདྲ་འགོལ་མི་ཚིག
པའི་མིད་ཏུགས་འགོད་དགོས། དུས་མཆོངས་སུ་རྒྱལ་སྲོལ་རྒྱུན་ཟོས་དང་ཕྱུག་རིས
ཀྱི་བྱེད་སྒྱུར་ཏོ་ཆོལ་བྱས་ཏེ་རྒྱུན་ལྡན་གྱི་མི་དང་མིའི་བར་གྱི་འབྲེལ་བ་དང་བདེ་ཐན
ག་ཁྲིམ་རྒྱུན་རིང་ལུགས་ཀྱི་རིན་ཐང་ལྟ་བ་འཛུགས་དགོས།

དོན་ཚན་བདུན་པ། ཁྲིམས་འགལ་གྱིས་ནས་གཞང་མི་གཅོང་པ་དང་། རྒྱལ་ཁབ་དང
། ཕུན་ཚོགས་དང་གཞན་གྱི་ནགས་གཞང་བསལ་གཏོར་བརྒྱག་གཏོང་མི་ཚིག བདག་མེ

四、相关文件

1. 米林市深化河道采砂管理实施方案的通知

关于印发《米林县深化河道采砂管理实施方案》的通知

（米河办〔2022〕1号）

各乡（镇）、各成员单位：

现将《米林县深化河道采砂管理实施方案》印发给你们，请按照要求切实抓好贯彻落实工作。

米林县河长制办公室

2022年10月25日

米林县深化河道采砂管理实施方案

为深入贯彻落实习近平生态文明思想，牢固树立"绿水青山就是金山银山"的发展理念，进一步加强我县河道采砂管理，维护河势稳定，保障防洪安全、行洪安全、生态安全，全面规范我县河道采砂秩序，积极探索河道采砂管理新模式，促进我县河道采砂管理制度化、规范化，为我县推进全面深化改革和生态文明建设奠定良好的基础。根据《水利部关于河道采砂管理工作的指导意见》《西藏自治区总河长办公室关于进一步加强河道采砂管理的通知》《林芝市河道采砂管理办法》等文件要求，结合米林县实际制定本方案。

一、指导思想

坚持以习近平新时代中国特色社会主义思想为指导,全面贯彻党的十九大和十九届历次全会精神以及中央第七次西藏工作座谈会、自治区第十次党代会、市委二次党代会和县委十次党代会精神,全面把握习近平生态文明思想,牢固树立"绿水青山就是金山银山、冰天雪地也是金山银山"理念,坚定走生态优先、绿色发展之路,坚持统筹推进山水林田湖草系统治理。坚持政府牵头、部门联动、国企管理,通过进一步加强砂石管理,强化河道采砂源头管控措施,加大非法采砂行为打击力度,确保我县河道采砂管理规范、市场规范和河道生态健康安全。

二、米林县河道采砂管理概况

米林县采砂规划区主要位于雅鲁藏布江河道管理范围内,以高台洗砂(旱采)方式为主。根据县自然资源局 2017 年牵头编制的米林县矿场资源规划,全县砂石存储总量 330.97 万 m³,共有 14 个采砂点,分别为卧龙镇单嘎砂石点、卧龙镇下觉砂石点、卧龙镇甲竹砂石点、里龙乡玉松砂石点、里龙乡才巴砂石点、扎绕乡龙安砂石点、扎绕乡雪巴砂石点、扎绕乡萨玉砂石点、米林镇米林砂石点、米林镇雪卡砂石点、羌纳乡巴嘎砂石点、羌纳乡朗多砂石点、丹娘乡丹娘砂石点、派镇多雄砂石点。通过政府公开出让程序办理采砂点出让,除卧龙镇甲竹砂石点和里龙才巴砂石点流拍外,共出让砂石矿点 12 个,目前卧龙镇单嘎砂石点、派镇多雄砂石点未开采。

三、工作重点

(一)出台保障制度

依据《中华人民共和国水法》(2002)、《中华人民共和国河道管理条例》(2018 年第 4 次修订),参照《林芝市市区周边河道采砂管理暂行办法》(林市水〔2015〕221 号),由县政府组织制定出台《米林县河道采砂管理办法》,成立河道采砂管理领导小组,明确各部门分工,进一步强化采砂点规划编制、砂石加工厂管理、重大项目采砂审批管理、河道采砂联合执法和非法采砂处罚工作内容,为我县河道采砂监督管理提供制度化保障。

(二) 依托城投公司运营

河道采砂经营国营化可将我县散乱砂石厂运营进行统一管理,有利于河道采砂执法监管;通过城投公司运营实现标准化生产,有利于安全生产和环境保护;城投公司统一生产销售可以实现源头管控,有利于合理采挖和市场稳定,并有效遏制逃税漏税等违法行为。

按照"产权明晰、权责明确、政企分开、自主经营、自负盈亏"的原则,县政府委托县城投公司对辖区内河道砂石资源实行统一经营管理;县水利局每年向国有砂石公司审批发放采砂许可证;城投公司整合全县砂石厂,以务工务劳的形式,组织全县群众和车辆参与砂石采挖和加工,城投公司派人现场监管,米林县委县政府对城投公司运营进行监管,相关部门按各自职责进行行业监管。

(三) 统一规范管理

河道采砂采用"六统一联一单"管理模式。"六统一联一单"管理模式即"统一规划、统一发证、统一开采、统一销售、统一收益分配、统一管理、联合执法、制定砂石采运四联单"。统一规划,责任主体为县城投公司,县城投公司根据县水利局编制的河道采砂规划报告结合市场需求每年上报采砂计划和方案,报县水利局审批或备案。统一发证,责任主体为县水利局,县水利局根据城投公司上报的采砂计划和方案,每年向县城投公司发放采砂许可证。统一开采,责任主体为县城投公司,县城投公司根据采砂许可审批的采砂量,组织群众在可采期和规划范围内按每年开采量统一开采。统一销售,责任主体为县城投公司,县城投公司根据施工地点和需求量,按照固定出厂单价统一分配砂石加工厂的砂石销售,村民机械运输费额外计算。统一收益分配,责任主体为米林县人民政府,砂石收益实行专户管理,除用于机械劳务支付和公司砂石管理正常费用外,按照一定比例将部分收益上缴县财政,由县政府统一支配。城投公司定期向县政府和县财政部门报告财务收支情况,并接受相关部门的财务监督。统一管理,责任主体为米林县人民政府,县政府成立由政府分管领导任组长的河道采砂管理工作领导小组,对本辖区河道砂石开采经营实行统一管理。联合执法,公安、水利、自然资源、林草等相关部门结合各自职责,分工协作,严厉打击采、储、运、销等环节的违法违规行为。砂石采运四联单,责任主体为县城投公司,县城投公司制定砂石采运四联单,明确砂石销售量和价格,一式四联,分别由县城投公司、砂石加工厂、砂石运输人员和采购商各执一份,便于砂石销量统计和非法采砂监管。

(四)严格生产经营

县城投公司在采砂行政许可范围和审批采砂量的控制下采用机械规模化开采,集中加工,加工的砂石在规定地点集中堆放。特殊地区基础设施等重点项目建设需另设采砂点的报县政府研究,新设重点项目的采砂点的采运由县城投公司牵头统一组织实施。县城投公司生产过程中严格遵循环评、水保"三同时"制度,边采砂生产、边修复河道。县水利局和县城投公司积极探索智能化作业和监管,在开采点出入口设置地磅或方量扫描装置,严控开采总量;严格监测开采区底线高程,严控开采深度;在采砂现场、出入口安装视频监控设备,对采运砂机具和现场监管人员进行监控。研究砂石品牌化生产,借鉴水泥生产销售模式,推进砂石生产袋装销售模式。

四、工作要求

(一)加强组织领导、强化责任落实

建立健全米林县砂石管理领导机构;设置办公室,明确各部门职责,做到统一领导,及时研究部署米林县河道采砂管理相关工作,按照要求对现有砂石厂具体情况进行摸排,并按照要求加强日常河道采砂监督管理。

(二)加强部门联动、强化执法监管

充分依托"河长制+检察长+警长"工作机制,领导小组成员单位按照职责要求,开展联合执法,加强河道采砂作业监督管理,发现非法采砂行为严肃处理,并通过米林电视台和网信米林等媒介进行通报。

(三)加强履职监管、强化执纪问责

将县城投公司纳入河长制工作领导小组,要求其在采砂区和加工区设立公示牌,对公司名称、责任人、监督电话和许可证上规定的开采时间、地点、范围、深度、开采量、作业方式等进行公示,接受社会监督。县城投公司作为责任主体,认真履行企业主体责任,加强河道采砂监督管理。县纪委、监委加强工作履职情况监督管理,对履职不到位的部门主要负责人按规定进行处理。

2. 米林市乡(镇)、村级河湖长履职考核细则

关于印发《米林县乡(镇)、村级河湖长履职考核细则》的通知

(米河办〔2022〕12号)

各乡(镇)河长办:

现将《米林县乡(镇)、村级河湖长履职考核细则》发给你们,请按照要求切实抓好落实。

米林县河长制办公室

2022年10月25日

米林县乡(镇)、村级河湖长履职考核细则

为深入贯彻落实党中央、自治区、林芝市关于河长制湖长制的重大决策部署,进一步强化我县各级河长日常巡河工作责任,实现对河湖、沟渠巡河管护常态化、规范化,做到"早发现、早处理、早解决",根据《西藏自治区全面推行河长制工作方案》《西藏自治区河长制办公室工作规则(试行)》《林芝市全面推行河长制实施方案》《米林县全面推行河长制实施方案》等相关文件要求,结合我县实际,制定本考核细则。

一、考核对象

米林县各乡镇42名乡(镇)级河湖长和106名村级河湖长。

二、考核方式及评分标准

为实现河湖范围内污水无直排、水域无阻水障碍、堤防无损坏、岸线完整、水面堤岸无垃圾、河道内无非法采砂、绿化无破损、沿岸无"四乱",考核工作由米林县全面推行河湖长制工作领导小组统筹开展。县河长办负责组织对本县流域内的所有乡(镇)级河湖长全年工作开展情况予以考核评价。各乡(镇)级河长办对村级河湖长工作开展情况进行考核评价。考核工作按照米林县河长制工作考核内容采取季度考核、年度考核,季度考核平均成绩作为年度考核的依据。总分值100分,分4个等级,90分(包含90分)以上为优秀,80分至89分为良好,60分至79分为合格,60分以下为不合格。评分低于60分的为未通过考核,限期两个月整改,两个月后由米林县河长制办公室组织复评,复评仍不及格的将在全县范围内通报。

三、考核内容

考核内容围绕河湖长制基础管理、日常工作,述职与考核、宣传工作,针对上级河湖长安排部署事项落实情况、年度工作任务完成情况、督察督办事项落实情况、工作制度建立和执行情况、"一河(湖)一策"年度方案落实及河湖管理成效以及其他本年度新增重点任务进行考核。

四、考核结果运用

(一)考核结果运用由米林县全面推行河长制工作领导小组负责,经米林县河长制办公室报请总河(湖)长审定后,由米林县河长制办公室予以通报,抄送组织人事部门,作为地方党政领导干部综合考核评价及干部选拔任用的参考依据之一。

(二)考核通报及奖罚办法。

(1)乡(镇)级河湖长季度考核结果于次月中旬通报并抄送县级总河长及责任河湖长。

(2)乡(镇)级河长季度考核结果不及格或被县级河长办通报的:首次被通报的由乡(镇)纪委约谈乡(镇)级河长;通报2次的由乡(镇)级总河长约谈乡(镇)、村两级河长;通报3次的由乡(镇)纪委对乡(镇)级河长和村级河长严格运用监督执纪"四种形态"进行追责问责。

（3）年度考核最后一名的，由县级总河长对乡（镇）级河长进行谈话。

（4）季度考核累计2次及以上不合格和年度考核最后一名的乡（镇）级河长、包村干部取消评优评先资格。

（5）新增一处"四乱"点位，累计发现"四乱"反弹点位3处及以上，因水环境事件被市级以上媒体曝光且造成较大负面影响，或发生重大水污染责任事故（经县级以上环保责任部门认定的），取消当年评优评先资格。

（三）乡（镇）河湖长制办公室考核以各乡（镇）级河长考核平均成绩作为乡（镇）考核依据。

（四）乡（镇）级河长办参考此办法组织对村级河长进行考核。

五、考核要求

（一）加强组织领导。各乡（镇）河湖长制考评工作在县委、县政府的领导下，由县河长制办公室牵头，成立考评组具体开展考评工作。

（二）完善考核机制。针对乡镇和村级河长实行分类分级考核，客观评价工作实际，把考核结果与年终考评挂起钩来，切实激励干部，按照河湖长制工作职责开展好相关工作。

（三）突出考核纪律。参与考核的人员应当严守考核工作纪律，坚持原则，保证考核结果的公正性和公信力。被考核对象应当及时、准确提供相关资料，主动配合开展相关工作，确保考核顺利进行。对不负责、造成考核结果失真失实的，将严肃追究有关人员责任。

本办法自印发之日起实施，由米林县河长制办公室负责解释。

附件：

1. 米林县河湖管护范围及标准

2. 米林县河湖长制工作考核内容

3. 米林县乡（镇）级河湖长履职季考核表

4. 米林县各乡（镇）河湖长办公室季考核表

5. 米林县河湖长制日常督察巡查表

附件1:

米林县河湖管护范围及标准

一、米林县河湖简介

米林县地处雅鲁藏布江中下游,位于念青唐古拉山脉与喜马拉雅山脉之间。雅鲁藏布江在米林县境内主流长 250 km,由西向东横贯全境。境内有雅鲁藏布江一级支流 40 条,较大湖泊 4 个。其中较大的支流有里龙普曲、南伊普曲、比扑曲、罗补绒曲等河流,较大的湖泊有措浪本措、嘎沙当嘎措、措木纠、格嘎措。

二、河湖管护范围划定

无堤防河湖按照河湖划界界桩以内为河道管护范围。有堤防的按照《西藏自治区水利工程管理条例》执行:

(1)设计标准为 100 年一遇的防洪堤从外坡堤脚算起每侧 50 m 为管理范围,此范围以外 100 m 为保护范围;

(2)设计标准为 50 年一遇的防洪堤从外坡堤脚算起每侧 30 m 为管理范围,此范围以外 50 m 为保护范围;

(3)设计标准为 20 年至 30 年一遇的防洪堤从外坡堤脚算起每侧 20 m 为管理范围,此范围以外 30 m 为保护范围;

(4)设计标准为 10 年一遇的防洪堤从外坡堤脚算起每侧 10 m 为保护范围。

三、河湖管护标准

(1)禁止损毁堤防、护岸、闸坝等水工建筑物、警示标志、河长制公示牌等附属设施。

(2)禁止在堤防和护堤地内采砂、采石、取土、挖筑池塘。

(3)禁止倾倒、弃置矿渣、石渣、燃料灰烬、泥土、粪污、垃圾等废弃物。

（4）禁止在河道内栽种蔬菜、农作物、树木及高秆作物。

（5）河道管护范围内不允许有建筑物、构筑物。

（6）禁止私自设置排污口,如有发现,立即封堵。

（7）发现河道水面上存在漂浮物、悬浮物、有色垃圾等要第一时间清理。

（8）未经市、县水行政主管部门批准,禁止修建排水、阻水、引水、蓄水工程以及河道整治工程。

（9）禁止擅自填堵河道,河流的故道、旧堤、原有工程设施不得填堵、占用或者拆毁;确需填堵、占用、拆除的,应当报市、县水行政主管部门批准。

附件2：

米林县河湖长制工作考核内容

序号	考核内容	分值	具体事项	单项计分	评分范围
一	基础管理	5	河湖长公示牌管护情况	5	1. 设置不当（遮挡公示牌），每处扣除1分，在规定时间内未完成整改的，每处扣除1分。 2. 维护不到位（版面损坏、整体损坏、倾斜或丢失），每处扣除1分，在规定时间内未整改的，每处扣除2分
二	日常工作	65	乡（镇）村两级河湖长巡河	5	1. 乡（镇）级河湖长未向县河长办按时上报乡镇级河长巡河情况统计表和信息（附日常巡河照片），处理问题整改前后对比照片）的，每次扣除0.25分。 2. 乡（镇）级河湖长每月巡河未达到规定次数的，缺少1次扣除0.25分。 3. 负责督导村级河湖长巡河，村级河湖长每月巡河较规定次数缺少1次扣除0.2分。 以上各项扣减累计不超过5分

续表

序号	考核内容	分值	具体事项	单项计分	评分范围
二	日常工作	65	河湖管理管护	20	1.倾倒树枝、枯草、菜叶、农作物秸秆等情况，发现1处扣除1分；在规定时间内未整改的，每处扣除2分。 2.河道、坑塘、沟渠发现排污口，水面发现漂浮物，每发现1处扣除1.5分，在规定时间内未整改的，每处扣除3分。 3.生活垃圾每发现1处扣除1分，在规定时间内未整改的，每处扣除2分。 4.建筑垃圾每发现1处扣除1.5分，在规定时间内未整改的，每处扣除3分。 5.未经批准私自修建排水、阻水、引水工程，每发现1处扣除3分，在规定时间内未整改的，每处扣除6分。 6.擅自填堵河道、损坏堤防，每发现1处扣除5分，在规定时间内未整改的，每处扣除10分；存在非法开采等行为，每发现1处扣除5分。 7.河湖管理范围界桩和标识牌污损的，每发现1处扣除2分。 以上各项扣减累计不超过20分。

以上各项扣减累计不超过20分

续表

序号	考核内容	分值	具体事项	单项计分	评分范围
二	日常工作	65	暗查暗访	20	1. 乡（镇）、村两级河长巡河期间未发现问题，被县河长办暗查暗访发现问题的，每发现1处扣除2分，在规定时间内未整改的，每处扣除4分，本年内重复点位发现问题的，每处扣除8分。 2. 被县级考核通报问题，每通报1处扣除4分，在规定时间内未整改的，每处扣除8分，本月内重复点位发现问题的，每处扣除16分（在次季度考核中扣除）。 3. 被市级及以上河长办暗查暗访发现问题，每发现1处扣除5分，在规定时间内未整改的，每处扣除10分。 以上各项扣减累计不超过20分
			河湖"四乱"治理	20	1. 经查实确认出现反弹，每出现1处扣除5分，在规定时间内未整改的，每处扣除10分。 2. 每新增1处"四乱"点位扣10分，在规定时间内未整改的，每处扣除10分。 以上各项扣减累计不超过20分

续表

序号	考核内容	分值	具体事项	单项计分	评分范围
三	述职与考核	22	述职情况	5	乡（镇）级河长未向县级河长进行年度述职的（以述职报告为准）扣除 5 分
			村级河长考核情况	5	乡（镇）级河湖长未对村级河湖长进行考核的，每缺失 1 次扣除 0.5 分，累计不超过 5 分
			群众举报投诉处理	12	1. 因水环境事件被市级以上媒体曝光且造成较大负面影响的，扣除 6 分。 2. 发生重大水污染责任事故（经县级以上环保责任部门认定）的，扣除 6 分
四	宣传工作	8	开展宣传活动	8	每季度开展 1 次以上全面推进河长制专题宣传活动，每次应有具体的行动方案，活动情况、宣传报道等佐证材料。不达标 1 次扣 2 分，扣完为止
五	附加分	20	创新做法、典型经验	20	有好的工作经验和做法被自治区、市河长制办公室采纳或被县级以上媒体报道的，每次加 5 分，被评为自治区级以上美丽河湖的，加 10 分，累计不超过 20 分

附件3:

米林县乡(镇)级河湖长履职季考核表

巡查部门:

时间:

序号	单位	河湖名称	责任河长	巡河App评分	履职评分	日常工作评分	总评分	备注

说明:巡河App评分以河长制巡河App巡河次数统计为准;履职评分包括河长制公示牌管护、河道的管护、市县两级暗查暗访点位整治清理;日常工作包括河长办开会及各类材料报送。

附件4:

米林县乡(镇)河湖长办公室季考核表

巡查部门:

时间:

序号	乡镇	巡河 App 评分	履职评分	日常工作评分	总评分	备注
1	米林镇					
2	卧龙镇					
3	派镇					
4	里龙乡					
5	扎绕乡					
6	南伊乡					
7	丹娘乡					
8	羌纳乡					

说明:巡河 App 评分以河长制巡河 App 巡河次数统计为准;履职评分包括河长制公示牌管护、河道的管护、市县两级暗查暗访点位整治清理;日常工作包括河长办开会及各类材料报送。

附件5:

米林县河湖长制日常督察巡查表

巡查时间		巡查人员	
被巡查单位 河长姓名			
巡查地点			
监督 检查 内容	河湖范围内污水无直排、水域无阻水障碍、堤防无损坏、岸线完整、水面堤岸无垃圾、河道内无非法采砂、绿化无破损、沿岸无"四乱"		
监督 检查 情况			
备注			

被检查单位意见:

　　签字(盖章):

　　　　日期:　　　　　年　　　　月　　　　日

检查人员签字:

　　　　日期:　　　　　年　　　　月　　　　日

3.米林县全面推进河(湖)长制 工作领导小组办公室 米林县人民 检察院关于建立"河湖长+检察长" 协作机制的工作方案

《米林县全面推进河(湖)长制工作领导小组 办公室 米林县人民检察院关于建立 "河湖长+检察长"协作机制的工作方案》

(米河办〔2021〕1号)

县河长制领导小组办公室各成员单位:

为全面落实党的十九大、十九届五中全会和中央第七次西藏工作座谈会精神,树立和践行习近平总书记"绿水青山就是金山银山"的生态文明思想,从更高层次落实习近平总书记关于建设美丽西藏的重要指示精神,充分发挥河湖长在水资源保护、水污染防治、水环境治理等工作中的监督协调和检察长在检察机关发挥法律监督职能服务生态文明建设各项措施和任务落实中的第一责任人作用,依法有效督促我县河湖长依法履职,米林县全面推进河(湖)长制工作领导小组办公室(以下简称河长办)与米林县人民检察院(以下简称检察院)达成战略合作,根据《中华人民共和国刑事诉讼法》《中华人民共和国行政诉讼法》等法律规定及《米林县关于全面推行河湖长制实施方案》,结合我县实际,制定如下协作机制。

一、建立协同领导机制

(一)统一思想认识。河长办和检察院要充分认识"河湖长+检察机制是进一步领悟和践行习近平总书记关于"绿水青山就是金山银山"的绿色发展理念,努力共建"河湖长+检察长"协同工作长效机制,实现同频共振,扩大工作效应,形成河湖水资源、水生态、水环境保护的工作合力,增强对我县河湖的保护力度,持续提升河湖生态系统质量和稳定性,促进我县河湖环境得到有效改善。

(二)协同推进重点工作。河湖长和检察长每年定期听取河长办和检察院的协作配合情况汇报,及时掌握重大线索督办、专项整治工作开展情况,研究解决工作的问题,部署安排下一步重点工作,增强工作合力,提升河湖保护工作实效。

(三)协同督导重要案件。对于涉河湖领域的重大案件,河湖长与检察长要联合指挥,共同督促指导办理,定期听取案件进展汇报,研究办理意见,确保案件质量。

二、建立信息共享机制

(一)相互通报重要工作信息。河长办与检察院可按工作需要,不定期召开联席会议,通报工作开展情况,及时共享河湖管理相关数据和信息,如涉及河湖领域方面的重要工作部署、出台的新政策和发生的重大事件,以及处置突发性、普遍性等重大、难点问题应当及时相互通报,共商解决办法。

(二)共享执法办案信息。建立健全河长办与检察院执法办案信息共享机制。检察院定期向河长办通报涉河湖法律监督和刑事犯罪、公益诉讼案件办理情况;河长办定期向检察院通报河(湖)长制工作推进过程中的执法检查和案件办理情况。

三、建立办案协作机制

(一)线索移送。河长办等相关单位在工作中发现国家利益和社会公共利益受到侵害或者存在侵害可能的案件线索,属于检察机关公益诉讼管辖范围的,应及时向米林县人民检察院通报并移送。移送公安机关的刑事案件线索,如公安机关应当立案而不立案的,应当移送检察院进行立案监督。检察院在办理公益诉讼案件过程中发现河长办等相关职能部门不移送涉嫌犯罪案件的,应当提出检察建议,督促其依法向有管辖权的公安机关移送。河长办等相关职能部门在履职中发现损害公益的线索,原则上由其自行履职或由河长办督促其履职,河长办在必要时可移送检察机关启动公益诉讼监督程序。

对于互相移送的问题线索,双方应当依照有关规定依法办理,并在办结后限期向移送方反馈办理情况和处理结果。

检察院办理的水环境保护领域公益诉讼案件应及时将检察建议书、起诉书等法律文书抄送河长办。

(二)协作调查取证。检察院应按照法定权限和程序,依法收集案件证据,需要河长办等相关单位协助提供相关证据的,应出具《调取证据通知书》《调取证据清单》;河长办要督促相关责任单位接受检察院的法律监督,积极配合检察院调阅行政执法卷宗、接受询问等调查取证工作。

河长办等相关单位在开展水环境行政执法过程中,需要检察院提供法律咨询、协助调查取证及解决"两法衔接"工作中遇到的问题时,检察院应当给予支持。

四、建立联合工作机制

(一)联合督办和专项整治机制。河长办与检察院紧紧围绕上级推进河长制、湖长制重大决策部署和各级河(湖)长制等有关制度要求,积极推动我县河湖环境协同治理,对影响水环境质量的突出环境问题以及上级交办、转办、督办的重大案件,社会关注度高、社会影响力大的突出问题线索,必要时由河长办与检察院进行联合挂牌督办,督促有关单位落实责任,强化问题整改,依法打击涉河湖违法犯罪行为,共同保护河湖生态环境。

河长办与检察院要针对米林县河湖管理保护工作中的突出问题,每年共同研究选取一个或几个领域开展专项整治,共同研究解决措施,共同推进问题整改,形成司法、执法合力。

(二)联合督促机制。检察院在履行职责中发现负有监督管理职责的相关单位违法行使职权或者不作为,致使国家利益或者社会公共利益受到侵害或者有重大侵害危险的,在向相关责任单位提出检察建议后,相关单位逾期未整改或未整改到位的,可以抄送至河长办。河长办应督促相关责任单位依法履行职责,并督促及时将整改情况回复检察院。回复整改情况应当纳入相关单位年度考核内容。经河长办督促仍未整改或未整改到位的,检察院依法可以提起行政公益诉讼。

五、建立日常联络机制

(一)建立联络和业务交流机制。河长办与检察院应明确专门人员负责日常联络工作,方便及时了解掌握相关工作动态和问题。加强培训学习力度,可视情况互派干部开展相关业务培训和实践学习,定期开展业务专题座谈,互相通报工作开展情况,共同探讨解决工作中的突出问题,提出整改意见,努力提高双方执法办案能力,做到检察监督与行政执法相互促进。

(二)建立普法宣传机制。积极借助"微信、抖音、广播"等群众广泛运用的新媒体并以全县宣传工作活动节点为契机,及时将"河湖长+检察长"协同工作开展情况、阶段性成果、典型案例等内容进行宣传,提高社会公众的认知度,引导全县人民积极参与河湖保护工作。

本方案自印发之日起实施。

米林县河长制办公室　米林县人民检察院

2021 年 4 月 12 日

4. 米林市建立"河(湖)长+检察长+警长"联动工作协作机制的意见

关于印发《建立"河(湖)长+检察长+警长"联动工作协作机制的意见》的通知

(米河办[2021]2号)

各乡(镇)人民政府,县直各委、办、局:

为深入贯彻落实党中央关于生态文明建设的决策部署,全面推进中共中央办公厅、国务院办公厅印发的《关于全面推行河长制的意见》关于"建立健全法规制度,加大河湖管理保护监管力度,建立健全部门联合执法机制,完善行政执法与刑事司法衔接机制"的工作要求,进一步加强米林县河长办、检察机关、公安机关及河长制成员单位的协作配合,根据《中华人民共和国民事诉讼法》《中华人民共和国行政诉讼法》《中华人民共和国水法》《中华人民共和国水污染防治法》《中共中央办公厅 国务院办公厅印发〈关于全面推行河长制的意见〉的通知》《中共西藏自治区委员会办公厅 西藏自治区人民政府办公厅印发关于印发〈西藏自治区全面推行河长制工作方案〉的通知》《中共林芝市委员会办公室 林芝市人民政府办公室关于印发〈林芝市全面推行河长制工作方案〉的通知》《中共米林市委员会办公室 米林市人民政府办公室关于印发〈米林市全面推行河长制工作方案〉的通知》,结合米林水生态环境保护监督职能和河(湖)长制工作实际,制定本意见。

一、指导思想

以习近平新时代中国特色社会主义思想为指导,深入学习贯彻习近平总书记在深入推动长江经济带发展座谈会、黄河流域生态保护和高质量发展座谈会重要讲话精神,坚持绿色发展和生态保护相协调,全面贯彻落实党中央关于加强生态文明建设的重大决策部署,全面落实中央西藏第七次工作座谈会精神,围绕西藏"稳定、发展、生态、强边"四件大事,强化行政法和检察监督衔接配合,加快推进河湖治理体系和治理能力现代化,为建设"四个示范区"维系河湖健康生命,提升人民群众河湖生态获得感和幸福感提供有力保障。

二、总体要求

充分发挥河长制办公室协调督导职能、检察机关法律监督职能、公安机关执法职能,协同推进全县河(湖)长制成员单位依法履职,加大涉河湖违法案件打击和司法衔接力度,促进河(湖)长制工作有效落实。在全县建立"河(湖)长+检察长+警长"联动工作机制,着力构建区域协作、刑事司法部门联动,快速有力的行政执法和检察监督新格局,在全县范围内全面构建"河(湖)长牵头负责,检察机关、公安机关全面参与,责任部门协调联动"的河湖生态保护机制,不断提高水环境治理保护水平,加快推进全县水生态文明建设。

三、工作原则

(一)坚持依法履职。准确把握行政权与司法权的界限,运用法治思维和法治方法分析解决河湖治理保护的相关问题,依法履行好各自职能,促进依法行政,提升公益保护水平,逐步实现我县河湖整体环境改善。

(二)坚持充分协作。河长办及相关责任单位配合检察机关开展涉河湖执法监督、公益诉讼等相关工作。配合公安机关开展涉河湖违法犯罪案件线索溯源等相关工作;检察机关配合河长办发挥协调督导职能,推动河(湖)长制各项工作落实;公安机关配合河长办和成员单位开展涉河湖违法行为打击。

(三)坚持协同联动。坚持检察监督与行政履职目的一致性,强化资源共享,职能互促。河长办与检察机关、公安机关及相关责任单位加强沟通,密切协作,协同开展水资源保护、河(湖)水域岸线管理保护、水污染防治、水环境治理、水生态修复、执法监管等工作,形成公益保护合力。

四、组织体系

县乡(镇)按照分级管理、逐级负责的原则,分级设立"河(湖)长+检察长+

警长"组织体系。各级河(湖)检察长、河(湖)警长在各级总河长的牵头领导下开展工作,县河(湖)检察长、警长在各县(区)河(湖)长及市河(湖)检察长、警长的领导下开展工作,各具体责任河(湖)检察长、河(湖)警长在各责任河(湖)长的牵头下开展工作,做到守河有责、守河担责、守河尽责。

对应雅鲁藏布江、里龙普曲、比谱曲、罗补绒曲、南伊曲、工字弄曲、乃巴曲、巴嘎浦曲、江中浦曲、直美弄曲、才巴普曲、余松浦曲、兴布沟、夺卡龙曲、鲁霞曲、拉结桑粑曲、尼玛浦曲17条县级河(湖),设立相应的县级河(湖)检察长和警长,对应县级河(湖),相应设置县级河(湖)检察长和警长,各级河(湖)长、检察长、警长职务发生变动,由相关人员接替,履行相应职责。

各级河长办、检察机关、公安机关应各自明确一名负责人作为会议召集人、确定一名联络员具体负责日常事务性工作,保障"河(湖)长+检察长+警长"工作机制顺畅运行。

五、主要职责

(一)河(湖)长职责
(1)组织领导相应河湖的建设管理保护工作,包括水资源保护水域岸线管理、水污染防治、水环境治理、水生态修复、防汛抗洪等。

(2)牵头组织对侵占河湖、围垦湖泊、超标排污、非法采砂、破坏堤防、电毒炸鱼等突出问题依法进行整治。

(3)对跨行政区域的河湖明晰管理责任,协调上下游、左右岸实行联治联保、联防联控,协调解决重大问题。

(4)对相关部门和下一级河长履职情况进行督导。

(二)河(湖)检察长职责
(1)围绕河湖生态保护的突出问题和整治难点,协助、配合河(湖)长开展专项调研、指导、督办等工作。

(2)充分发挥刑事检察职能,支持配合公安机关等行政执法机关严厉打击破坏河湖生态的刑事犯罪。加强行政执法与刑事司法衔接,切实防止"有罪不究"和"以罚代刑"等问题。

(3)充分发挥检察公益诉讼和行政检察监督职能,积极办理破坏河湖生态的公益诉讼案件。加强对行政违法行为和行政非诉执行案件的监督,督促相关行政执法机关积极履行生态保护职责。

(4)通过参与河湖生态保护和办理案件,做好服务社会治理决策的分析研判,透过案件总结归纳共性问题和规律,并提出针对性、可行性意见和建议。

(三)河(湖)警长职责

(1)协助河(湖)长履行职责。围绕河湖管理整治重点和难点,配合职能部门开展协调督导、河湖巡查、水环境整治等相关工作。

(2)发挥职能作用做好治安防控工作。对群众报警进行先期处警,加强与相关职能部门沟通,配合做好涉水矛盾纠纷、隐患排查研判工作,防止水环境问题与其他社会问题叠加发酵,引发社会群体性事件。

(3)严厉打击涉水犯罪。依法严惩破坏水环境的犯罪行为,严厉打击非法排污、非法采砂、非法捕捞、非法建筑、非法倾倒生活及施工垃圾等违法犯罪行为,严厉打击在涉河湖执法过程中的暴力执法、暴力抗法、打击报复等违法犯罪行为,确保相关执法单位顺利开展工作。

(4)制定完善的处置预案。对于可能造成重大人员伤亡、财产损失、水环境破坏和严重危害水域公共安全的紧急事件,制定完善的处置预案。积极参与、主动配合相关部门做好突发性重大涉水事件的应急处置工作。

六、工作机制

(一)建立联席会议制度

(1)联合会商河长办、检察机关、公安机关及相关责任单位通过定期召开联席会议,通报交流工作情况和重要案件信息,共同研究解决河湖治理保护中的重大疑难事项,协调解决执法问题,统一执法思想和尺度。联席会议由河长办、检察机关、公安机关及相关责任单位负责同志参加,原则上每年召开一次。县河长办、县人民检察院、县公安局作为县级联席会承办部门,确定联络人员,加强沟通协调,根据工作需要,可请河(湖)长制成员单位参加;乡(镇)级层面联席会议参照县级组织。

(二)加强工作协同推进

(2)加大协调联动。围绕米林市中心工作,检察机关、公安机关和河(湖)长制成员单位加强工作联动,围绕水资源保护、河湖水域岸线管理保护、水污染防治、水环境治理、水生态修复、执法监管等河湖管理任务开展联合专项行动、督查检查,推动重点工作落实和河湖问题整改,提升河湖管理成效。

(3)加强线索移送。河长办及相关责任单位在工作中发现非法采砂、非法排污、盗取水资源、危害水环境安全、破坏水利工程、破坏河湖岸线等可能损害国家利益或者社会公共利益的涉河湖问题线索,应及时向检察机关通报并移送检察机关。通过针对性地阅案卷台账、行政处罚卷宗或通过其他途径发现相关责任单位应当移送而未移送涉及河湖犯罪、公益诉讼线索的,可直接向相关责任单位提出建议移送的检察意见。相关责任单位移送公安机关的涉及河湖犯罪案件(线索),公安机关应当立案而不立案的,相关责任单位应当将情况报送检察机关,检察机关依法及时启动立案监督程序。

互相移送的问题线索,双方应当依照有关规定依法办理,并在办结后10个工作日内向对方反馈办理情况或处理结果。

(4)加强专业领域配合。检察机关在办理审查逮捕、审查起诉以及公益诉讼等案件中遇到的涉及河湖水资源、水生态、水环境保护等专业性问题需要协助的,公安机关在办理涉水刑事民事案件中遇到河湖水资源、水生态、水环境保护等专业性问题需要协助的,河长办积极协调,相关责任单位应提供必要的专业支持、技术协助和工作配合。涉及对案件专门性问题作专业评估的,相关责任单位应当结合案件相关证据,出具专门意见,并根据办案需要指派专家辅助人出庭。

(5)强化检察机关提前介入。检察机关对相关责任单位查处的可能涉嫌犯罪的重大案件、媒体高度关注的案件、涉及面广的案件、跨多行政区划的案件等,可以提前介入,督促引导公安机关、相关行政执法部门围绕案件依法全面收集、固定和保全证据,确保案件依法正确处理。

(6)建立重大案件会商机制。三方在日常工作中对涉河湖资源保护的重大刑事、民事或公益诉讼检察案件,应当及时召开会议,就案件办理中一些重大事项达成共识,必要时邀请相关领域专家提供专业意见。

(三)建立信息共享机制

(7)重要信息互通。河长办、检察机关、公安机关及相关成员单位加强信息交流和共享,建立健全全县河长办、检察机关、公安机关与执法办案信息共享机制,在河湖保护领域方面的重要工作部署、出台的重大政策和发生的重大案件、事件、舆情等情况,以及处置突发性、普遍性等重大问题,应当及时相互通报。

(8)执法信息共享。河长办及相关成员单位定期通报河(湖)长制工作推进情况,河湖治理保护的整治重点、难点及其职能清单调整情况等信息。检察机关定期通报涉及河湖水资源、水生态、水环境保护的刑事犯罪、行政和公益诉讼案件办理情况。公安机关定期通报侦办刑事民事案件中涉河湖水资源、水生态、水环境保护的相关情况。

（四）建立日常联络机制

（9）建立人员交流机制。全县河长制工作机构、检察机关、公安机关及河长制办公室相关成员单位可互相邀请对方人员参加本系统举办的相关业务培训，互派人员参加对方举办的培训班课，共同组织理论研讨，研究解决河湖保护理论、实务问题，为工作开展提供理论支持。

（10）做好宣传总结工作。河长制工作机构、检察机关、公安机关应及时总结工作开展和案件办理情况，充分运用典型案例、以案释法、法制宣讲等多种方式，加强法治宣传教育。请新闻媒体重点报道河湖保护、公益诉讼和"两法衔接"等方面工作，加强河湖保护主题宣传，回应公众对河湖管理保护的关注和期盼，营造推动生态文明建设的良好氛围，引导全社会参与河湖保护工作。

（五）建立河湖生态环境损害赔偿与检察公益诉讼衔接机制

（11）对于损害生态环境、破坏社会公共利益的违法行为，检察机关应当依法支持赔偿权利人开展生态环境损害赔偿磋商、调查取证、诉讼请求确定和依法提起诉讼等工作，确有必要的，可由检察机关依法支持起诉。赔偿权利人认为符合检察机关提起公益诉讼条件的，可将有关材料移送检察机关，检察机关依法提起公益诉讼。

河长制办公室在履行统筹协调、监督管理职责中，发现相关行政机关违法行使职权或不作为，致使国家利益或社会公共利益受到侵害的，应当将线索及时移送检察机关。经履行诉前程序，行政机关仍不整改的，检察机关可以依法向人民法院提起行政公益诉讼。

米林市河长办　米林市人民检察院　米林市公安局

2021 年 11 月 12 日

5. 多卡村村规民约

为建设社会主义新农村,助推乡村振兴,推进乡村治理,树立良好的村风民风,倡导良好的道德风尚和行为规范,发挥村规民约在基层治理、规范行为、移风易俗中的积极作用。特制定多卡村村规民约:

第一条　拥护中国共产党的领导,拥护社会主义制度,听党话,感党恩,跟党走。

第二条　牢固树立中华民族共同体意识,维护祖国统一,反对分裂,加强民族团结。

第三条　维护法律的权威和尊严,遵守村规民约。

第四条　自觉践行社会主义核心价值观,为人诚恳,待人友善,团结互助。

第五条　加强民族团结,村民之间要互尊、互爱、互助,和睦相处,建立良好的邻里关系,不拨弄是非,不说粗话脏话,不恶语伤人,不打架斗殴、寻衅滋事,邻里纠纷应本着团结友爱的原则平等协商解决,协商不成的可申请村调解委调解,也可通过依法向人民法院起诉,树立依法维权意识,不得以牙还牙,以暴制暴。全体村民应主动拒绝黄、赌、毒,勇于检举揭发一切黑恶势力犯罪行为。

第六条　提倡社会主义精神文明,移风易俗,反对陈规旧俗,如喜事新办、丧事从俭。反对封建迷信及其他不文明行为,树立良好的民风、村风、家风,坚持党员不信仰宗教教育,逐一签订不信仰宗教承诺书,不得设佛堂、挂佛像。同时,反对铺张浪费和宗派活动,建立正常的人际关系和健康的家族主义价值观。

第七条　不违规砍伐林木,不毁坏国家、集体或他人林木,不捕猎野生动物,不违规捡拾、采挖林下资源,严禁违法占用林地、草地;节约用水,共同参与水源地保护,严禁在河道水域内倾倒、堆放、掩埋、丢弃生活垃圾、建筑垃圾、畜禽类粪便及排放生产、生活污水等行为,以实际行动保护母亲河。

第八条　注意防火防盗,注意交通安全,自觉服从对易燃、易爆、剧毒等危险物品和枪支、弹药、管制刀具的管理。

第九条　合法合规经营集体经济、不强买强卖、哄抬物价,建立互帮互助机制,帮助易返贫致贫人口,坚决守牢不发生规模性返贫底线。

第十条　严肃纪律要求,积极参加集体活动,不得迟到早退。如有违反,按照《多卡村乡村治理行动积分奖励兑换超市方案》进行减分处理。